D1659704

Solare Mobilität

Plug-in Hybrids

Studie zur Abschätzung des Potentials zur Reduktion der CO_2-Emissionen im PKW-Verkehr

bei verstärkter Nutzung von elektrischen Antrieben im Zusammenhang mit Plug-in Hybrid Fahrzeugen

1. Auflage, September 2007

Tomi Engel, geboren 1971 in Litoměřice (CZ), hat in Erlangen Informatik studiert und ist als Senior Consultant im IT-Sektor tätig. Seit dem Jahr 2000 befasst er sich mit den Auswirkungen von "Peak Oil" und studiert nachhaltige Energiekonzepte. 2006 wurde er ehrenamtlicher Vorsitzender des Fachausschusses "Solare Mobilität" bei der Deutschen Gesellschaft für Sonnenenergie.

Bibliografische Information der Deutschen Nationalbibliothek
Die Deutsche Nationalbibliothek verzeichnet diese Publikation in der Deutschen Nationalbibliografie;
detaillierte bibliografische Daten sind im Internet über
http://dnb.d-nb.de abrufbar.

ISBN 978-3-89963-327-6

Herausgeber

Deutsche Gesellschaft
für Sonnenenergie e.V., DGS
Emmy-Noether-Straße 2
D-80992 München
Email: info@dgs.de
www.dgs.de

Bundesverband Solare Mobilität e.V., bsm
Achtermannstraße 10
D-48143 Münster
Email: bsm@solarmobil.net
www.solarmobil.net

Autor

Tomi Engel, ObjectFarm Solarkonzepte
Gut Dutzenthal Haus 5
D-91438 Bad Windsheim
Email: tomi@objectfarm.org
www.objectfarm.org

Sternstraße 18, D-80538 München
Tel.: 0049-(0)89-66060798
www.dr.hut-verlag.de

1. Auflage 2007

Druck und Bindung: printy, München (www.printy.de)

Inhaltsverzeichnis

Vorwort der Deutschen Gesellschaft für Sonnenenergie

Seit 1975 streitet die Deutsche Gesellschaft für Sonnenenergie (DGS) für eine nachhaltige Energieversorgung in Deutschland und weltweit. Ziel aller Aktivitäten der letzten 30 Jahre war die nachhaltige Gestaltung der Energieversorgung mit erneuerbaren Energien. Einiges wurde bewegt, vieles bleibt aber noch offen und die Bedeutung des Anliegens der DGS steigt mit den sich nun abzeichnenden Folgen des unübersehbaren Klimawandels und der erstmals auch aus technischen Gründen spürbaren Verknappung fossiler Ressourcen.

Die DGS verfolgte stets eine Energieversorgung der Zukunft, die aus einem Mix aller erneuerbaren Energiequellen besteht. Hierbei ging es stets auch um Energieeffizienz, die in allen Bereichen unserer Gesellschaft höhere Bedeutung erlangen muss, will man das internationale Wachstum der Menschheit mit Energie versorgen. Eine Fortsetzung der alten Energieversorgungskonzepte mit dem Unterschied von fossil auf erneuerbare Energien umzusteigen, ist nicht nur verschwenderisch, sondern auch technisch undenkbar. Deshalb muss die Zukunft in der intelligenten Kombination aus effizienzorientierten Konzepten und erneuerbaren Energien liegen.

Als technisch wissenschaftliche Organisation ist die DGS verpflichtet weiter zu denken und Konzepte zu erarbeiten, die unabhängig von kurzfristigen kommerziellen Zwängen stehen. Zu oft lag der Fokus der traditionellen Energiedebatte auf dem Stromsektor, wo Windkraft-, Solarstrom- und Biogasanlagen bereits signifikante Marktanteile erlangen konnten. Beim Thema Mobilität beschränkte sich die Suche nach "Lösungen" bisher lediglich darauf, die heutigen fossilen Treibstoffe durch biogene Treibstoffe zu ersetzen. Dies ist ein guter Ansatz, der sich allerdings durch einen eher bescheidenen Innovationsgrad auszeichnet. Schließlich beschrieb Rudolf Diesel eben genau diesen Einsatz erneuerbarer Treibstoffe bereits in seiner Patentschrift zum Dieselmotor.

Die Nutzung heutiger Motoren und ein direkter Umstieg auf Pflanzenöl, Biodiesel, Ethanol oder Biogas erscheint logisch, genügt aber einem gesteigerten Effizienzansatz nicht, da immer noch zwei Drittel der Energie in Form von Wärme verpuffen. Die Emissionsproblematik im Bezug auf Schadstoffe in der Luft, die unsere heutigen Innenstädte belasten, wird ebenfalls nicht durch Biotreibstoffe gelöst. Die begrenzten landwirtschaftlichen Ressourcen, sowie der immer offener zu Tage tretende Konflikt zwischen Nahrungsmittel- und Treibstoffproduktion belegen, dass Biotreibstoffe nicht die angestrebte Universallösung sind.

Möchte man nach einem belastbaren Gesamtkonzept suchen, muss man über den Tellerrand der üblichen Diskussionslinien sehen. Nur so erkennt man eine Lösung, die Jahrzehnte lang in der politischen Debatte um erneuerbare Energien nicht immer ideologiefrei betrachtet wurde: Die Nutzung von Strom im Individualverkehr.

Effiziente elektrische Mobilität ist vor allem dann eine optimale Lösung, wenn sich der Mix des Stromnetzes endgültig in Richtung der erneuerbaren Energien geneigt hat. Daran arbeitet die DGS.

Die vorliegende Studie soll klären, wann fahren mit Strom wirklicher Klimaschutz ist. Sie soll belastbare Zahlen generieren, damit diesem Denkansatz eine rationelle Diskussion eröffnet wird, auch wenn das Stromnetz heute noch nicht 100% ökologisch ist. Vielleicht lesen sie hier erstmals etwas über den Einstieg ins Zeitalter der solaren Mobilität...

Dr. Jan Kai Dobelmann, Präsident, DGS e.V.

Vorwort des Bundesverbandes Solare Mobilität

Der Verkehrssektor ist ein Bereich, dessen CO_2-Belastung weltweit weiter ansteigt – durch Zunahme des Verkehrs und immer größere und stärkere Autos. Dieser Trend muss umgekehrt werden, aber es reicht nicht, den Schadstoffausstoß immer ein bisschen weiter zu senken. So begrüßenswert dies auch ist: es muss endlich eine Wende hin zur Null-Emission eingeleitet werden! Das Elektrofahrzeug mit sauberen erneuerbaren Energien ist ein Null-Emissionsfahrzeug.

Elektrisch angetriebene Fahrzeuge produzieren vor Ort keine Abgase wie jede U-Bahn oder Eisenbahn täglich beweist. Wenn der Strom aus erneuerbaren Energiequellen kommt, so wie es der Bundesverband Solare Mobilität seit langem fordert, dann sind diese Fahrzeuge praktisch emissionsfrei und klimaneutral. Sie geben kein Kohlendioxid ab, verursachen keine Ozonbelastungen in den Ballungszentren und emittieren auch keinen gesundheitsschädlichen Feinstaub.

Doch wie steht es um die elektrische Mobilität, solange wir noch nicht zu 100% mit solarem Strom versorgt werden? Unter welchen Bedingungen trägt ein Elektroauto zum Klimaschutz bei? Welche Auswirkungen sind auf dem Stromsektor zu erwarten? Ist es überhaupt sinnvoll mit Windstrom Auto zu fahren? Der bsm sieht in den Ergebnissen der vorliegenden Studie einige der sich aufdrängenden Fragen beantwortet. Die langjährige Arbeit und Erfahrung des bsm auf diesem Gebiet erlaubt zudem den Schluss, dass all dies nicht nur in der Theorie gerechnet, sondern auch in der Praxis gelebt und "erfahren" werden kann.

Null-Emission ist machbar ... sofort!

Deutschland braucht Null-Emissionsfahrzeuge und nicht Null-Innovationsfahrzeuge. Das Festhalten an veralteten Fahrzeugkonzepten ist in einer Zeit, in der sich die weltweite Energieversorgung grundlegend verändert (Peak Oil, etc.), keine Zukunftsstrategie. In Ländern wie den USA, England, Japan und China hat man dies offenbar bereits erkannt. Es wird Zeit, dass auch bei uns Industrie und Politik die sich ergebenden Chancen erkennen.

Thomic Ruschmeyer, 1. Vorsitzender, bsm e.V.

1 Hintergrund und Ziele

In der letzten Zeit haben drei große Themen die öffentliche Debatte dominiert. Alle drei sind nicht nur miteinander verknüpft, sondern stehen auch im direkten Zusammenhang mit der Entwicklung des Automobils.

- Der Klimawandel
  ... bedroht die Lebensgrundlage vieler Menschen auf dieser Erde.
- Der Feinstaub
  ... bedroht die Gesundheit der Menschen in den großen Städten.
- "Peak Oil"
  ... bedroht durch Verknappung des Erdöls die heutige Mobilität.

Vor allem Peak Oil, das sich abzeichnende weltweite Maximum der Erdölproduktion, wird sich direkt auf die Mobilität und damit auf alle Gesellschaften auswirken, die ohne PKW-Mobilität nicht funktionsfähig sind. Die individuelle motorisierte Mobilität ist weltweit beinahe zu 100% abhängig vom Erdöl. Eine Verknappung des Angebots wird zwangsläufig die Preise nach oben treiben und die Regierungen zwingen zu handeln. Es steht sowohl der soziale Frieden auf dem Spiel, als auch die Funktionsfähigkeit einer vom Güter- und Personentransport abhängigen Gesellschaft.

Die Feinstaubproblematik zeigt vor allem die soziale Problematik. Obwohl offensichtlich ist, wo man die Verursacher dieser Umweltbelastung zu suchen hat, sind die Handlungsmöglichkeiten sehr eingeschränkt. Fahrverbote für alte Autos würden eher die sozial schwachen Mitbürger treffen und wenn man den PKWs den Zugang zu den Innenstädten verweigert, wird in Folge vermutlich sogar der mittelständische Einzelhandel merklich darunter leiden, weil der Konsum so noch mehr in die Einkaufsmeilen "draußen auf der grünen Wiese," verlagert wird. Die Probleme sind komplex. Dennoch ist unbestritten, dass die Verbrennungsmotoren von PKWs zum Feinstaubproblem beitragen und hier gehandelt werden muss.

Auch beim Klimawandel ist es offensichtlich, dass reagiert werden muss. Doch die Wechselwirkungen sind noch komplexer und die "Problemzone" ist nicht mehr nur die Innenstadt, sondern letztlich die ganze Welt. CO_2-Reduktion muss sein. "Weg vom Öl" wollen - und müssen - wir alle.
Doch wie?

Vor diesem Hintergrund werden viele Lösungsoptionen diskutiert und Zukunftsszenarien entworfen. Eine Technologie, die das Potential hat einen großen Beitrag leisten zu können, wird dabei oftmals übersehen: Die elektrische Mobilität.

Dass man elektrisch sehr gut von einem Ort zum anderen gelangen kann, das beweisen die Fahrzeuge im öffentlichen Verkehr Tag für Tag. Die Eisenbahn fährt auf den Hauptstrecken nur noch elektrisch. In vielen Städten gehören auch heute noch elektrische Autobuslinien zum typischen Verkehrsbild. Bei U-Bahn und S-Bahn war der elektrische Antrieb schon immer selbstverständlich.

Die Forderung, alle U-Bahnen auf Biodiesel umzustellen, stellt niemand. Doch PKWs sollen bis zum erhofften Durchbruch in der Wasserstofftechnologie vor allem mit Biotreibstoffen fahren. Vom elektrischen Fahren ist in praktisch keiner nationalen oder europäischen Treibstoffstrategie die Rede. Die Gründe dafür sind unklar.

Vielfach glaubt man auch heute noch, dass elektrische Mobilität im PKW technisch nicht machbar und dass Strom viel zu kostbar sei, um damit Autos anzutreiben. Da der Strommix bisher noch von fossilen Kraftwerken dominiert wird, glaubt man zudem, dass jede Reduktion des Stromverbrauches automatisch eine CO_2-Einsparung darstellt.

Fachlich waren viele der Einwände schon seit langem nicht mehr haltbar. Doch vor dem Hintergrund der drohenden Krisen und in Anbetracht einiger neuer Technologien (Lithium-Batterien, Plug-in Hybrid-Fahrzeuge, etc.) erscheint eine Neubewertung der elektrischen Mobilität notwendig.

Ziele dieser Studie:

- Eine neue Debatte zur elektrischen Mobilität anregen.
- Den Stand der Technik im Bereich Elektromobilität umreißen.
- Eine grobe Abschätzung der CO_2 Minderungspotentiale durch Elektro-Hybrid-PKWs (Plug-in Hybrids) erarbeiten.

2 Elektrische Fahrzeugkonzepte

Verbrennungsmotoren treiben heute nahezu alle auf dieser Welt existierenden Automobile an. Die Nachteile dieses Motors sind bekannt. Die Verbrennung funktioniert am besten im optimalen Arbeitspunkt, bei konstanter Drehzahl und bei möglichst gleichmäßiger Belastung. Im normalen Verkehr mit Überholvorgängen, Kaltstarts, etc. sind solche Bedingungen fast nie gegeben. Doch auch im optimalen Fall werden nur rund 30% der Energie sinnvoll genutzt. Der überwiegende Anteil der eingesetzten Energie fällt als unnötige Abwärme an und muss durch Kühlsysteme "entsorgt" werden.

Egal ob Diesel, Benzin oder Rapsöl, bei allen handelt es sich um flüssige, extrem hoch konzentrierte Energie, die einfach zu handhaben und zu transportieren ist. Im Fall von Erdölprodukten kommt noch hinzu, dass diese bisher – noch – in nahezu beliebiger Menge verfügbar sind und zudem – noch – zu extrem günstigen Preisen auf den Markt gebracht werden. Die Vorteile des Erdöls waren so gewaltig, dass nach der Einführung des elektrischen Anlassers alle Nachteile des Verbrennungsmotors schnell vergessen waren und dem Siegeszug der mobilen "Explosionsmaschine" nichts mehr im Wege stand.

2.1 Das Elektroauto

Bei der Straßenbahn, der U-Bahn oder auch der Eisenbahn ist heute der emissionsfreie, elektrische Antrieb selbstverständlich. Doch vor rund 100 Jahren sah es auf den Straßen ähnlich aus. Elektrofahrzeuge waren allgegenwärtig, denn sie waren nicht nur leistungsfähiger, sondern vor allem zuverlässiger und viel einfacher zu handhaben.

Der Elektromotor ist vergleichsweise einfach und leicht, braucht kein Getriebe und hat im gesamten Leistungsbereich – im Vergleich zum Verbrennungsmotor – einen extrem guten Wirkungsgrad von 70 bis über 90%. Anders als beim Verbrennungsmotor erweist sich hier der Energiespeicher als technische Herausforderung. Vor einhundert Jahren gab es praktisch nur Bleibatterien und selbst heute wird diese Technologie noch gerne in Elektrofahrzeugen verwendet.

Bleibatterien sind schwer und haben so einen dominanten Einfluss auf das gesamte Fahrzeuggewicht. Bleibatterien speichern in Bezug auf ihr Gewicht und Volumen wenig elektrische Energie. Sie haben eine hohe Selbstentladung, also Energieverluste, und noch weitere Nachteile, die den Bau eines “typischen PKWs” erschweren. Trotz all dieser Nachteile war es bereits 1996 möglich [BOSH-2006], ein Elektroauto mit 130 km Reichweite zu bauen, das erfolgreicher war als es der Hersteller erwartet hat: Der General Motors EV1.

Abb. 2.1-1: General Motors EV1

Doch die Bleibatterie ist schon lange nicht mehr Stand der Technik. Nickel-Cadmium-Technologie (NiCd) war schon vor 10 Jahren marktreif und wurde im Rügen-Versuch (siehe [IFEU-1996]) bereits erfolgreich getestet. Obwohl die damaligen Fahrzeuge selbst heute noch ihren Dienst erfüllen, war diese Technik nur bedingt für den Massenmarkt tauglich. NiCd-Akkus enthalten nicht nur giftiges Cadmium, sondern verlangen auch eine bestimmte Nutzungsart. Um nicht vorzeitig unter dem “Memory-Effekt” zu erschlaffen oder gar komplett kaputt zu gehen, muss der Nutzer bestimmte Verhaltensmuster einhalten und sich der Technik anpassen, da die Ladegeräte nicht auf die Eigenheiten der Batteriechemie abgestimmt sind. Permanentes Überladen zerstört die NiCd-Batterien. Fahrzeuge mit Nickel-Cadmium-Technik sollten viel gefahren und vor allem von Zeit zu Zeit auch mal komplett “leer gefahren” werden.

Abb. 2.1-2: Citroën Saxo Electrique

Abb. 2.1-3: Think City

Abb. 2.1-4: Modec LKW

www.smart.com

Abb. 2.1-5: Smart EV

www.toyota.com

Abb. 2.1-6: Toyota RAV 4 EV

Rev. W. C. B. Skidmore

Abb. 2.1-7: Subaru R1e

www.mitsubishicorp.com

Abb. 2.1-8: Mitsubishi iMIEV

Zeitgleich mit Nickel-Cadmium wurde, neben vielen anderen Batteriekonzepten, bereits die Natrium-Nickel-Chlorid ($NaNiCl_2$) Hochtemperaturbatterie erprobt. Sie ist heute als "Zebra"-Technologie bekannt und war ursprünglich für die Mercedes A-Klasse vorgesehen. Heute wird sie z.B. im Modec LKW, dem Smart EV oder dem neuen Think City verwendet. Um Energieverluste durch das Auskühlen der Batterie zu verhindern, sollten auch diese Fahrzeuge viel gefahren werden.

Die Nickel-Wasserstoff-Batterie befand sich 1996 noch in der Entwicklung, zählt aber heute als Nickel-Metallhydrid-Batterie (NiMH) zum Stand der Technik. Sie wird derzeit praktisch in allen Hybridfahrzeugen zur Stromspeicherung eingesetzt. Reine Elektroautos mit NiMH-Akkus wurden vor allem in den USA erprobt. Der Flottenversuch mit Fahrzeugen vom Typ Toyota RAV-4 EV hat zum Beispiel gezeigt, dass selbst ein bis zu zwei Tonnen schwerer Geländewagen mit NiMH-Akkus (27 kWh) unter Norm-Testverfahren eine Reichweite von 200 km vorweisen kann. Im Praxisbetrieb in Kalifornien konnten trotz zusätzlichem Energiebedarf (Klimatisierung der Fahrzeuge) Reichweiten zwischen 140 und 160 km erreicht werden.

Es gibt eine Vielzahl von chemischen Verbindungen, die man für die Stromspeicherung verwenden kann. Alle haben aufgrund physikalischer Eigenschaften der jeweiligen Atome und chemischen Verbindungen ihre Vor- und Nachteile.

Abb. 2.1-9: Phoenix Motorcars SUT

Bedingt durch den Bedarf an Hochleistungsstromspeichern für elektronische Geräte (Akkuschrauber, Laptops, etc.) wurde sehr viel geforscht und in den letzten Jahren hat es vor allem auf dem Gebiet der Lithium-Batterien mehrere signifikante Durchbrüche gegeben. Nach den Batterien mit Lithium-Cobalt-Elektroden ($LiCoO_2$) setzen die Hersteller vermehrt auf Lithium-Mangan-Elektroden ($LiMn_2O_4$). Bieten erstere eine höhere Leitung so zeichnen sich letztere durch eine höhere chemische Eigensicherheit aus. Dies verringert die Brandgefahr.

Abb. 2.1-10: Tesla Roadster

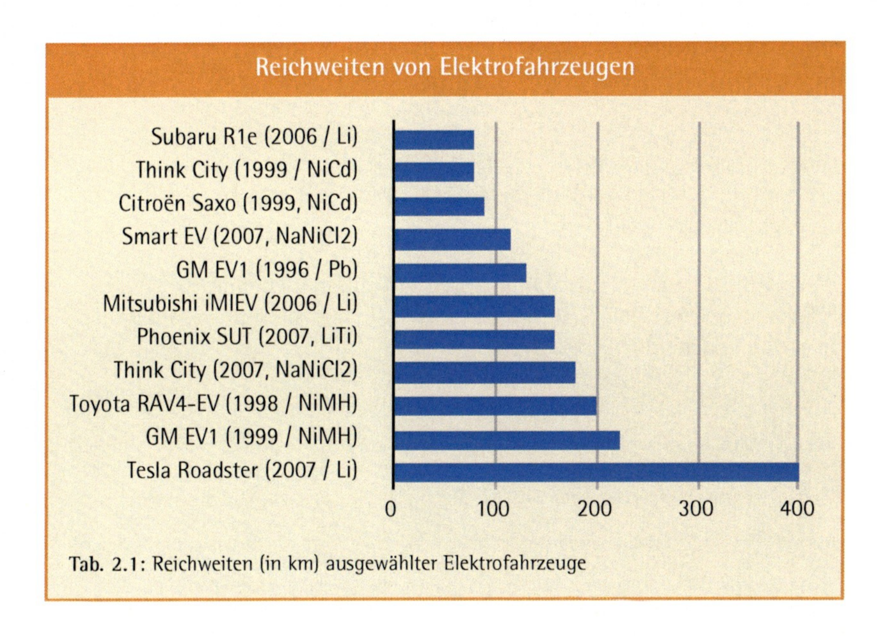

Tab. 2.1: Reichweiten (in km) ausgewählter Elektrofahrzeuge

Bei den neuesten Akkus setzt man nun auf Lithium-Eisen-Phosphat ($LiFePO_4$). Hier kann, laut einigen Herstellern, eine Brandgefahr durch Überladen und ähnlichen "Missbrauch" fast komplett ausgeschlossen werden. Zusätzlich bietet diese Technologie den Vorteil, dass die Grundstoffe vergleichsweise billig sind und man auch die notwendige Menge an Lithium halbieren kann. Diese Faktoren sind entscheidend, wenn man einen Massenmarkt – wie den Automobilsektor – versorgen will. Im Bereich der Powertools (Akkuschrauber, etc.) werden diese Batterien bereits seit dem Jahr 2006 in großen Stückzahlen eingesetzt [1].

Durch Fortschritte im Bereich der Fertigungstechnik hat man es auch geschafft extrem poröse Materialstrukturen herzustellen und den elektrischen Innenwiderstand der Batterien deutlich zu reduzieren. Damit sinken die Energieverluste beim Laden, gleichzeitig steigt die Leistungsfähigkeit. Im Prinzip ist es heute möglich moderne Lithium-Batterien in 5-10 Minuten auf 90% ihrer Kapazität aufzuladen. Das Argument der langen Tankzeiten für Elektroautos ist damit aus Sicht der Batteriehersteller gelöst [2].

Die Erprobung erster Fahrzeuge mit Lithium-Batterien läuft seit ein paar Jahren und diverse Batterien haben bereits in einigen Ländern die Zulassungsprüfungen für den Straßenverkehr erfolgreich durchlaufen. Die Energieversorger Southern California Edison (USA) und TEPCO (Japan) haben diverse Testfahrzeuge im Einsatz. Bei TEPCO werden unter anderem die Stadtfahrzeuge Subaru R1e als auch der Mitsubishi iMIEV getestet.

Besonders viel Aufmerksamkeit hat die Presse dem Tesla Roadster geschenkt. Dieser Sportwagen soll Ende 2007 in den USA auf den Markt gebracht werden und verdankt seine Reichweite von 400 km ebenfalls den heutigen Lithium-Batterien.

Lithium-Batterien sind ein signifikanter, technischer Durchbruch. Waren Elektroautos vor einigen Jahren "möglich", so sind sie nun offensichtlich "massenmarkttauglich" geworden.

[1] Die Firma DeWalt verwendet seit Mitte 2006 die $LiFePO_4$-Batterien der Firma A123 Systems

[2] Das extreme Schnellladen lässt die Batterien auch schneller altern. Meist erlauben die verfügbaren Steckdosen und Stromkabel nicht die Bereitstellung der dafür notwendigen, hohen Ströme. Extreme Schnellladung verlangt nach speziell ausgestatteten Stromtankstellen und ist keine zwingend notwendige Voraussetzung für die Einführung von Elektrofahrzeugen.

2.2 Der Plug-in Hybrid

Als ein vollwertiges Auto wird man das reine Elektrofahrzeug auf absehbare Zeit vermutlich nicht akzeptieren. Obwohl es überall Steckdosen – also potentielle Stromtankstellen – gibt und obwohl die meisten Fahrten kürzer als 50 km, meist sogar kürzer als 15 km sind, wird es schwierig sein, den Autokäufern die Angst vor dem "Liegenbleiben mit leerer Batterie" zu nehmen. Lediglich als Zweitwagen können sich die meisten Menschen das reine Elektroauto vorstellen.

Bei 82 Millionen Bundesbürgern und 45 Millionen zugelassenen PKWs ist der Anteil an Zweitwagen bereits enorm groß. Doch für eine schnelle Markteinführung braucht man – aus technischen und psychologischen Gründen – offensichtlich andere Konzepte. In den USA wird aus diesen Gründen seit einigen Jahren von politischer Seite der Plug-in Hybrid gefordert: ein Elektroauto mit Notstromgenerator.

"Plug-in" bedeutet nichts anderes als "in die Steckdose stecken". Hat man bisher damit geworben, dass ein Hybridauto nie an die Steckdose muss, so fordert man nun Hybridautos, die an die Steckdose dürfen: den "Steckdosen-Hybrid".

Die grundlegende Argumentation ist naheliegend und deshalb auch gar nicht neu. Verbrennungsfahrzeuge sind in ihrer Effizienz nahezu ausgereizt. Nur ein geringeres Gewicht und eine kleine Größe kann bei diesen Fahrzeugen zu deutlichen Spriteinsparungen führen. Nennenswerte Effizienz im Antrieb kann nur noch durch den Elektromotor kommen, sprich die Hybridisierung.

Reine Elektroautos benötigen zu viele, heute noch sehr teuere Batterien, um auch für Langstrecken und damit als Erstfahrzeug einsetzbar zu sein. Wenn man bei den seltenen Langstrecken oder auch in Notfällen den Strom direkt im Fahrzeug herstellen könnte, dann könnte man mit deutlich kleineren Batterien auskommen. Dies würde neben dem Gewicht auch noch die Kosten der Fahrzeuge reduzieren.

Fahrzeuge von Typ "Steckdosen-Hybrid" wurden schon um 1900 gebaut. Ferdinand Porsche zählt sicherlich zu den bekanntesten Konstrukteuren der damaligen Zeit. In den letzten Jahren hat vor allem Professor Andrew Frank (University of California, Davis) diesen Fahrzeugtyp studiert und eine

Vielzahl von Prototypen gebaut. Aber auch die großen Autohersteller haben sich sporadisch mit Plug-in Hybrid Konzepten beschäftigt.

Eine der bei uns bekanntesten Entwicklungen dieser Bauart war der Audi Duo (1989). Ein Audi A4 wurde dabei mit einer zusätzlichen Bleibatterie bestückt und einem zusätzlichen Elektromotor ausgestattet, der im Stadtverkehr als Antrieb genutzt werden konnte. Im Rahmen des Forschungsprogramms ELCIDIS wurden mit diesem Fahrzeug in einem kleinen Flottenversuch in Erlangen Erfahrungen gesammelt.

In Frankreich lieferte Renault um das Jahr 2002 etwa 150 seiner Kangoo Fahrzeuge als "Elect'road"-Modell aus. Hierbei wurde die reine Elektroversion, der "Electrique", um einen kleinen Notstromgenerator erweitert. Der so entstandene Serielle-Hybrid war zwar ein vollwertiger PKW - mit Airbag, 5 Sitzplätzen und Klimaanlage - jedoch war seine Leistungsfähigkeit durch die Nickel-Cadmium-Batterien, das unzulängliche Lade- und Motorenmanagement, den zu schwachen Generator und den extrem kleinen 5-Liter Benzintank immer noch eingeschränkt.

Nachdem vielen Politikern die Abhängigkeit vom Öl bewusst geworden ist, wurde in den USA das sicherheitspolitische Potential der "Plug-in Hybrids" erkannt (siehe [BOSH-2006]). Bei der Stromproduktion steht eine Vielzahl von heimischen Energiequellen zur Verfügung, doch der Erdölbedarf muss Jahr für Jahr zunehmend über Importe gedeckt werden. Das US Department of Energy (DoE) hat Untersuchungen zum Thema "Plug-in Hybrid Fahrzeuge" in Auftrag gegeben (z.B. [EPRI-2001]) und Anfang 2006 hat sich eine Initiative mit dem Namen "Plug-in Partners" gegründet. Dieser Zusammenschluss aus einer Vielzahl von Städten, Stadtwerken und anderen Organisationen verfolgt das Ziel, die Markteinführung von Plug-in Hybrids zu beschleunigen.

Da keine entsprechenden Fahrzeuge am Markt verfügbar waren, haben Privatleute begonnen Umrüstsätze für normale Hybridfahrzeuge zu entwickeln [BOSH-2006]. Als Basisfahrzeug diente der Toyota Prius, da man hier "nur" die kleine Batterie durch eine größere ersetzen musste. Die so bei EnergyCS (USA) und Hymotion (Kanada) entstandenen Umrüstsätze werden heute auch in Europa vermarktet. Tests mit entsprechend umgebauten Toyota Prius PKWs wurden vor allem in den USA durchgeführt (siehe z.B. [ANL-2007]).

Eine Lithium-Batterie mit 9 kWh Speicherkapazität verhilft dem heutigen Prius zu rund 50 km emissionsfreier Wegstrecke. Bedingt durch das Basisauto und den zu schwachen Elektromotor ist man hier jedoch auf den Stadtverkehr und Geschwindigkeiten unterhalb von 65 km/h beschränkt.

Abb. 2.2-1: PHEV Umrüstung eines Toyota Prius beim den Stadtwerken von Sacramento (SMUD).

Ähnliche Einschränkungen gelten für den Plug-in Hybrid Sprinter, den DaimlerChrysler gebaut hat. Der Lieferwagen wurde zu Testzwecken sowohl mit Benzin- und Dieselmotor gebaut und teilweise mit 14 kWh NiMH oder Lithium-Akkus bestückt. Elektrisch kann man so rund 30 km im Stadttempo zurücklegen, was für die Auslieferung von Waren im Stadtkern durchaus ausreichend ist. Erste Versuche haben ergeben, dass abhängig vom Nutzungsprofil die Reduktion der CO_2-Emissionen im Lieferverkehr 10 bis 50% betragen kann. Der Flottenversuch findet derzeit in den USA in Zusammenarbeit mit dem Electric Power Research Institute (EPRI) statt. Das Versuchsprojekt wurde im Jahr 2007 nochmals deutlich ausgeweitet.

Abb. 2.2-2: Renault baute mit dem Kangoo Elect'road einen PHEV in Kleinserie.

Abb. 2.2-3: Der PHEV Mercedes Hybrid Sprinter fährt seit 2004.

Zusätzlich zu den Flottentests mit Lieferfahrzeugen, PKWs und SUVs (Sports Utility Vehicles) laufen in den USA auch erste Versuche mit Schulbussen und Baustellenfahrzeugen. Die meisten dieser Versuche werden ebenfalls vom EPRI wissenschaftlich begleitet.

Abb. 2.2-4: Lohner-Porsche PHEV (1900).

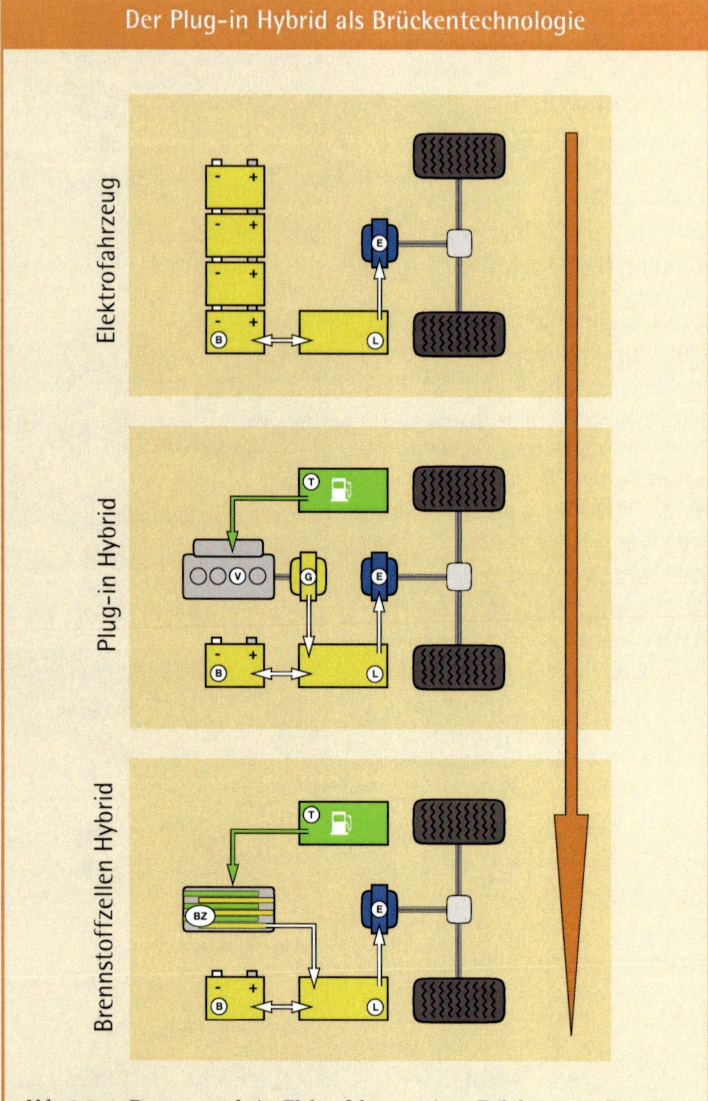

Abb. 2.2-4: Ersetzt man beim Elektrofahrzeug einen Teil der teuren Batterien durch einen bordeigenen "Notstromgenerator", so erhält man einen Plug-in Hybrid. Sobald es funktionsfähige Brennstoffzellen gibt, kann die Stromproduktion dorthin verlagert werden. Interessant wären vor allem Hochtemperatur-Brennstoffzellen, die auch direkt mit Kohlenwasserstoffen (Benzin, Ethanol, Biogas, etc.) betrieben werden können.

Das EPRI hat in seiner sehr umfangreichen Studie [EPRI-2001] zum Thema "Plug-in Hybrid Electric Vehicle" unter anderem folgende Typen von Fahrzeugen definiert:

- **HEV0** ... ein Hybridfahrzeug ohne jegliche elektrische Fahrleistung.
- **HEV20** ... ein Plug-in Hybrid mit 20 Meilen (ca. 30 km) elektrischer Fahrleistung. Hierzu sind bei einem PKW etwa 5 kWh Batteriekapazität notwendig.
- **HEV60** ... 60 Meilen (ca. 90 km) elektrischer Fahrleistung bedarf rund 15 kWh Batterie.

In dieser Studie wird der HEV20 als **PHEV30** (für 30 km Reichweite) und der HEV60 analog als **PHEV90** (für 90 km) bezeichnet.

Die Fahrzeugtypen unterscheiden sich vor allem in der Leistungsfähigkeit der verwendeten Elektromotoren und in der Größe der eingebauten Batterien. Bei Batterien hängt jedoch die Kraft bzw. Leistung (kW) auch mit der vorhandenen Energiemenge bzw. der Kapazität (kWh bzw. Ah) zusammen. In der Praxis wird es deshalb durchaus deutliche Unterschiede in den Komponenten der jeweiligen Fahrzeugtypen geben.

Tendenziell kann man jedoch sagen, dass mit steigender Batteriekapazität die Integration des Verbrennungsmotors einfacher, die Belastungen für die Batterien geringer und die CO_2-Einsparungen größer werden. Auf der anderen Seite steigt bei teuren Batterien so aber der Preis des Fahrzeuges, was wiederum die Markteinführung erschwert.

Der Plug-in Hybrid ist ein – erstaunlich guter – Kompromiss. Er erlaubt die Erwartungen der Kunden an einen PKW, mit den technischen Möglichkeiten heutiger Elektromobilität optimal zu vereinen. Doch als echter Hybrid (also Zwitter) wirft er viele neue Fragen auf. Man kann nicht mehr eindeutig sagen, ob es ein Verbrennungs- oder ein Elektrofahrzeug ist. Man kann nicht mehr genau sagen, ob es mit Benzin oder Strom fährt. Letztlich kann man noch nicht einmal genau sagen, welchen Schadstoffausstoß oder Energieverbrauch ein Plug-in Hybrid wirklich hat, denn die Bandbreite der Werte ist extrem gross (siehe Abschnitt 3.4). Der Fahrzeugtyp passt in kein bestehendes Schema.

2.3 Technische Besonderheiten

Der Energieverbrauch eines PKWs wird meist als "Tank-to-Wheels"-Wert (TTW) ermittelt. Darunter versteht man das Verhältnis aus im Kraftstoff-(tank) vorhandener Energie [3] zur mit den Rädern zurückgelegten Wegstrecke – bei uns Kilowattstunden je 100 Kilometer.

Bereits für die rein elektrische Mobilität sind hier einige Eigenheiten der Technik zu berücksichtigen, die vor allem im Kontext dieser Studie hervorgehoben werden müssen.

- Der Energieinhalt einer Batterie, also die kWh im "Tank", ist nicht eindeutig festgelegt. Es gibt zwar eine Normkapazität, aber abhängig von Umgebungstemperatur oder Art der Nutzung (Ladespannung, Entladestrom, etc.) "erschlafft" die Chemie einer Batterie und damit verändert sich über die Zeit auch ihre Leistungsfähigkeit.
- Das Betanken eines "Stromtanks" ist, anders als bei flüssigen Brennstoffen, mit Energieverlusten verbunden. Diese schwanken abhängig vom Ladegerät, Batteriemanagement und Batterietyp teilweise erheblich. Tankverluste von 15 bis 45% sind in der Praxis dokumentiert.
- Eine Batterie "leckt" immer und verliert deshalb auch dann Energie, wenn sie nicht genutzt wird. Dies nennt man Selbstentladung. Die Verdampfungsverluste von Benzintanks sind im Vergleich dazu praktisch nicht vorhanden. Bei Batterien schwanken diese Werte teilweise extrem. Hochtemperaturbatterien können durch Auskühlen bereits nach Wochen faktisch ihre gesamte Energie verlieren. Lithium-Akkus andererseits büßen selbst nach einem Jahr teilweise nur 2% der gespeicherten Energie ein.

Aus diesen Gründen sind die üblichen "Tank-to-Wheels" Angaben für die elektrische Mobilität nicht aussagekräftig. Man muss den "Plug-to-Wheels" Energieverbrauch ermitteln, also den Stromverbrauch ab Steckdose. Leider werden diese Werte sehr selten publiziert. Eine ausführlichere Betrachtung der unterschiedlichen Messmethoden erfolgt in Abschnitt 4.1.

---

[3] Auch bei normalen Treibstoffen liegt bereits ein systematischer Fehler vor. Es werden die Heizwerte der Brennstoffe verglichen. Um zwischen unterschiedlichen Treibstoffen, etwa Benzin und Erdgas, vergleichen zu können, muss man jedoch die Brennwerte zu Grunde legen.

In [TESL-2006] wird beschrieben, dass dem Energiespeichersystem des Tesla Roadster ab Steckdose eine Gesamteffizienz von 86% nachgewiesen wurde. Dies ist offensichtlich Stand der Technik.

In dieser Studie wird angenommen, dass die Verluste im Batterieladevorgang beim heutigen Stand der Technik maximal 15% betragen. Weiterhin wird unterstellt, dass diese Verluste mit der fortschreitenden Entwicklung auf 10% reduziert werden können.

Für die Plug-in Hybride (PHEV) stellen sich darüber hinaus zusätzliche Probleme. Die spezifischen Eigenschaften des rein elektrischen Fahrbetriebs weichen teilweise deutlich von denen des Mischbetriebs, also mit laufendem Verbrennungsmotor, ab.

PHEVs können in unterschiedlichen Hybrid-Bauformen vorliegen. Vereinfacht dargestellt kann man folgende Bauformen unterscheiden:

- **Paralleler Hybrid:** Hier übertragen beide Motoren ihre Kraft auf eine gemeinsame Antriebswelle. Der Verbrennungsmotor (V) ist meist stärker ausgelegt als der Elektromotor (E). Der E-Motor kann oft nur im Stadtverkehr (bis etwa 50 km/h) als alleiniger Antrieb genutzt werden. Leistungselektronik (L) kontrolliert den Stromfluss von und zur Batterie (B). Das Auto hat weiterhin Getriebe und Kupplung. Letztere kann auch vor dem Elektromotor sitzen.

- **Serieller Hybrid:** Nur der Elektromotor treibt das Fahrzeug an. Der Verbrennungsmotor wird in seiner Leistung generell kleiner ausgelegt als der Elektromotor und erzeugt lediglich mit einem Generator (G) Strom. Bei ausreichend großer Batterie ist ein rein elektrischer Fahrbetrieb möglich. Diese Bauform findet man zum Beispiel im Kangoo Elect'road. In sehr großen Fahrzeugen (Bussen, Lokomotiven) dient die Batterie oft nur als Leistungspuffer und wird dann entsprechend klein ausgelegt.

- **Seriell-paralleler Hybrid:** Bei dieser Bauart versucht man die Vorteile beider Systeme zu vereinen. Elektromotor und Verbrennungsmotor sind sowohl mechanisch als auch elektrisch miteinander verbunden. Hierzu ist eine zusätzliche Kupplung (K) erforderlich. Diese Bauform hat der in Abschnitt 2.5 vorgestellte Cleanova PHEVs.

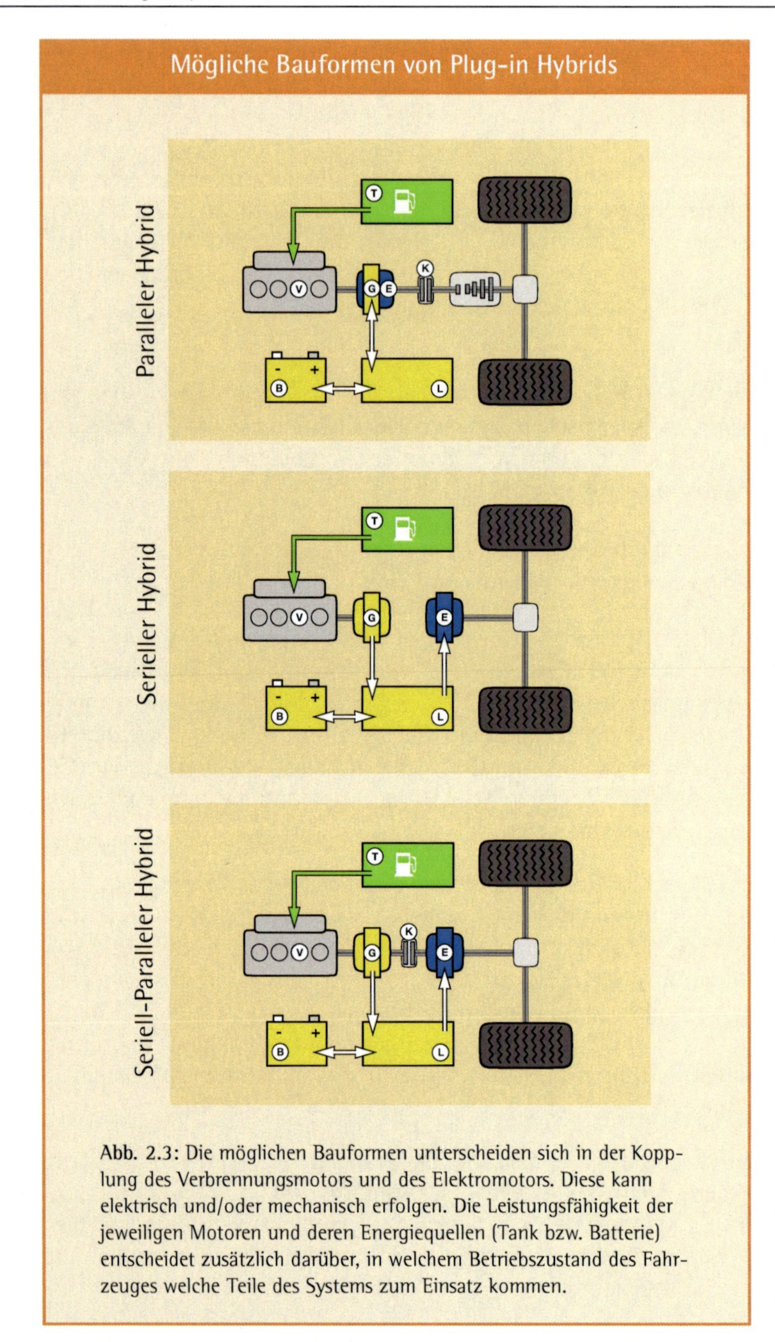

Abb. 2.3: Die möglichen Bauformen unterscheiden sich in der Kopplung des Verbrennungsmotors und des Elektromotors. Diese kann elektrisch und/oder mechanisch erfolgen. Die Leistungsfähigkeit der jeweiligen Motoren und deren Energiequellen (Tank bzw. Batterie) entscheidet zusätzlich darüber, in welchem Betriebszustand des Fahrzeuges welche Teile des Systems zum Einsatz kommen.

Für die Betrachtung der Emissionen sind vor allem die systembedingten Unterschiede im Motorenmanagement entscheidend.

Ein PHEV, der nur bis 60 km/h elektrisch angetrieben werden kann, muss den Verbrennungsmotor auch dann aktivieren, wenn er auf einer 15 km langen Wegstrecke nur einen einzigen Kilometer auf der Landstraße mit 80 km/h gefahren wird.

Hier stellen sich dann dem Motorenmanagement die Fragen: Wann schaltet man den Verbrennungsmotor wieder ab? Wie minimiert man Schadstoff- oder CO_2-Emissionen? Es gilt die Laufzeit des Motors gegen die Abkühlung des Katalysators aufzuwiegen. Ein kalter Katalysator filtert die Abgase deutlich schlechter. Die Untersuchungen in [ANL-2007] haben gezeigt, wie unterschiedliche Managementstrategien sich auf die Abgaswerte eines identischen Basisfahrzeuges auswirken.

Ein PHEV mit sehr starkem Elektromotor muss den Verbrennungsmotor jedoch erst dann aktivieren, wenn die Batterie leer ist. Doch auch hier hat das Motorenmanagement viele Optionen. Es kann das Auto rein mit Batteriestrom fahren lassen ("Charge-Depleting Mode") und erst später zum Beibehalten einer bestimmten Batteriemindestkapazität den Hilfsmotor aktivieren ("Charge-Sustaining Mode"). Es kann den Verbrennungsmotor aber auch gezielt zum Laden der Batterie während des Fahrens einsetzen ("Recharge Mode"). Doch will man wirklich mit voller Batterie zuhause ankommen? Ist es nicht billiger und spart man nicht mehr CO_2 ein, wenn man zuhause an der Steckdose volltankt? Was, wenn man gerade eine leere Batterie hat und in Kürze das Zentrum einer Großstadt erreicht, wo man nur noch emissionsfrei fahren darf? In diesem Fall würde man es sich durchaus wünschen noch schnell die Batterie mit dem bordeigenen Benzin-"Kraftwerk" auf der Autobahn aufzuladen.

In der Praxis gibt es viele Detailfragen und Detaillösungen. Der Autobesitzer wird seinem PHEV "sagen" müssen, welche Betriebsart für die geplante Fahrt am sinnvollsten ist, denn nur der Fahrer weiß wohin die Reise geht. Entsprechende "Knöpfe" sind deshalb auch in den meisten PHEVs bereits vorhanden.

Die größten Auswirkungen auf die spezifischen Emissionen hat jedoch die Energiequelle: Strom via Kraftwerk oder Sprit ab Tankstelle. Fährt ein PHEV vor allem viele kurze Strecken und tankt immer an der Steckdose nach, so unterscheiden sich die Emissionswerte ganz erheblich von denen eines identischen PHEVs, der seine Energie komplett über den im Auto eingebauten Stromgenerator beziehen muss. Gleiches Fahrzeug, gleiche Fahrstrecke und Fahrweise und dennoch unterschiedliche Emissionswerte (mehr dazu später).

Der Europäische Fahrzyklus, nach dem der Energieverbrauch heutiger Fahrzeuge gemessen wird [KBA-2006c], definiert exakt, welche Fahrzustände wie schnell und wie oft erreicht werden (Beschleunigung, Stadt, Land, Autobahn, etc.). Doch die EU-Richtlinien sagen nichts darüber wie oft man 2 km, 5 km,15 km, 150 km oder 600 km weit fährt.

Was beim normalen PKW keine Bedeutung hat, macht jedoch beim PHEV für den Energieverbrauch als auch für die CO_2-Emissionen einen gravierenden Unterschied. Denn ein serieller PHEV kann, wie oben beschrieben, auf jeden Fall alle Zustände des Europäischen Fahrzyklus mit rein elektrischem Antrieb durchlaufen. In Anbetracht dessen, dass die in Deutschland typische tägliche Wegstrecke meist unter 30 km liegt, ist dies sicherlich auch praxisgerecht. Und ein PHEV30 wird tendenziell öfter mit Verbrennungsmotor laufen als ein PHEV90: Gleiches Fahrzeug, gleiche Fahrstrecke und gleiche Fahrweise aber mehr Batteriekapazität bedeutet unterschiedliche Emissionswerte.

Noch spannender wird die Frage nach der Messung von Abgaswerten. Obwohl ein PHEV einen Verbrennungsmotor hat, können die in den Richtlinien für PKWs festgelegten Betriebszustände aufgrund des Motorenmanagements eventuell gar nicht erreicht werden. Wird die Batterie sehr groß ausgelegt (z.B. ein PHEV150) so kann es sogar sein, dass ein Fahrzeug real nie den Verbrennungsmotor benötigt. Hat der Abgaswert dann tatsächlich eine zentrale Bedeutung? Hier ist vor allem der Gesetzgeber gefordert. Plug-in Hybride brauchen Prüfverfahren und steuerliche Rahmenbedingungen, die den technischen Besonderheiten Rechnung tragen.

In dieser Studie wird bei PHEVs unterstellt, dass sie alle Fahrzustände rein elektrisch erreichen können. Ferner erfolgt das Nachladen der Batterien vorrangig aus dem Stromnetz, weil dies auch ökonomisch den größten Vorteil bietet. Wer keine Stromtankstelle hat, kauft sich keinen PHEV.

2.4 Lithium-Batterien

In Kapitel 2.1 wurde bereits kurz auf die unterschiedlichen Batterietechnologien eingegangen. Da Batterietechnik – und aus heutiger Sicht vor allem die Lithium-Batterien – für die Markteinführung und damit für die Ausbauszenarien der elektrischen Mobilität von zentraler Bedeutung ist, soll hier noch einmal etwas genauer auf den aktuellen Stand der Technik eingegangen werden.

Die wohl wichtigste Frage ist sicherlich, ob es überhaupt genügend Ressourcen gibt, um ausreichend viele Batterien zu produzieren.

Laut [USGS-2007] enthalten die bisher weltweit identifizierten Lithium-Lagerstätten rund 11 bis 13 Millionen Tonnen reines Lithium [4]. Weltweit wurden im Jahr 2006 rund 21.100 Tonnen Lithium produziert, wovon rund 20% in die Batterieproduktion (ca. 7 GWh) gingen. Dieser Anteil steigt derzeit rapide an.

Die offiziellen UN Transport Bedingungen für Lithium-Batterien (siehe [MOLT-2003]) definieren Formeln für die Abschätzung des Lithium-Gehalts in typischen Lithium-Mangan oder Lithium-Cobalt-Batterien. Daraus ergibt sich, dass pro kWh-Speicherkapazität etwa 80 Gramm Lithium eingesetzt werden. Aufgrund der chemischen Eigenschaften benötigt man bei Lithium-Eisen-Phosphat ($LiFePO_4$) für die gleiche Kapazität gerade mal die halbe Menge an Lithium, also nur 40 Gramm pro Kilowattstunde.

Für jeden PHEV90 mit 15 kWh Stromspeicher ($LiFePO_4$) braucht man somit 600 Gramm Lithium. Wenn man nur die Hälfte der bekannten Lithium-Reserven, also 6 Millionen Tonnen, für Fahrzeugbatterien nutzen würde, so könnten weltweit 10 Milliarden Fahrzeuge vom Typ PHEV90 gebaut werden. Derzeit sind weltweit rund 0,5 Milliarden PKWs zugelassen.

In dieser Studie wird angenommen, dass es auch langfristig für die Herstellung von Lithium-Batterien keinen geologisch bedingten Mangel an Rohstoffen geben wird.

[4] Rund 5 Millionen Tonnen sind davon in Bolivien und weitere 3 Millionen Tonnen in Chile. Folglich lagern mehr als 70% des Lithiums in diesen beiden Ländern. In Bolivien wurde bisher (Stand 2006) noch gar keine Lithium-Produktion betrieben.

Neben der Ressourcenverfügbarkeit werden im Zusammenhang mit der elektrischen Mobilität meist auch folgende Fragen gestellt:

- Sind die Batterien nicht zu teuer?
- Sind die Batterien leistungsstark genug?
- Sind die Batterien sicher genug?

In [ANL-2000] und [EPRI-2001] wurden diese Aspekte in der Theorie untersucht. Letztlich kann diese Fragen aber einzig der Markt definitiv beantworten. Ein reales Produkt, dass reale Kundenwünsche erfüllt, ist immer der beste Beweis.

Als Hintergrund sei folgende Überlegung angeführt: Laut Aussagen der Firma A123 Systems würde es sich ab einem jährlichen Batteriebedarf von 40 MWh lohnen eine neue Fabrik zu bauen. Im Kontext von PHEV90-Fahrzeugen bedeutet dies eine "Massenproduktion" von gerade einmal 3000 PKWs pro Jahr. Ein Autohersteller, der wirklich ein Produkt auf den Markt bringen will, wird nicht Batterien bei einem Händler kaufen, sondern in Kooperation mit dem Batteriehersteller ganze Fabriken bauen oder schlicht und ergreifend, den Batteriehersteller gleich in seinen Konzern integrieren (siehe Toyota-Panasonic).

Selbst die Batteriehersteller streben mittelfristig an die Preise für eine kWh-Speicherkapazität von heute 800 bis 1000 EUR auf 100 bis 300 EUR zu reduzieren. Bei 200 EUR würde der Batteriesatz eines PHEV90 damit nur noch 3000 Euro kosten. Bereits heute können Lithium-Batterien – je nach Typ, Klima und Nutzungsprofil – 500 bis 5000 mal geladen und entladen werden. Bei 1400 Zyklen Lebensdauer und 400 EUR Kosten pro kWh sind die elektrischen "Treibstoffkosten" (Strom plus Batterieabschreibung) mit denen eines Benziners vergleichbar [5]. Bei entsprechenden Stückzahlen sollte die Ökonomie bei einer Vollkostenrechnung stimmen.

Die Frage der Zyklenfestigkeit ist, wie bereits skizziert wurde, primär eine Frage der Ökonomie. Hohe Zyklenfestigkeit bedeutet lange Lebensdauer, niedrige Batterieabschreibungen und damit einen Wettbewerbsvorteil. Hohe Zyklenzahlen können durch optimierte Bauweise (z.B. extrem luftdichte

---

[5] Die Abnutzung der Batterie würde pro "getankter" kWh 30 Cent betragen. Bei einem Strompreis von 15 Cent/kWh und einem Verbrauch von 18 kWh/100 km fährt man elektrisch für 8,10 EUR. Dies entspricht bei einem Benzinpreis von 1,20 EUR einem Spritverbrauch von 6,7 Liter.

Verpackung zur Vermeidung von Oxidation), verringertem "elektrochemischen Stress" (z.B. Reduktion der Ladespannung) oder auch durch neue Grundstoffe erreicht werden (z.B. Ersatz der Graphit-Anode durch Stoffe, die im Ladevorgang keiner Volumenänderung unterliegen). Technologien mit einer Lebensdauer von 3000 bis 25.000 Laborzyklen werden in der Literatur beschrieben (z.B. [ALTN-2006]).

Auch im Bereich der Sicherheit wurden durch neue Batteriechemie (z.B. Lithium-Eisen-Phosphat) und neue Materialien (z.B. keramische Trennfolien zwischen Anode und Kathode) offenbar so hohe Sicherheitsstandards erreicht, dass einzelne Batteriemodule bereits für den Straßenverkehr zugelassen sind. Die Frage der Sicherheit ist damit wohl ebenfalls geklärt.

Wichtiger erscheinen da eher folgende, bisher unbeantwortbare Fragen:

- Wie schnell kann man die Produktionskapazität bei den Rohstoffen steigern?
- Wie hoch ist der Ressourcenaufwand für die Herstellung der Batterien?
- Wie hoch ist der Ressourcenaufwand für das Recycling der Batterien?

Analog zu anderen Verkehrsstudien soll hier primär der Energieverbrauch beim Betrieb der Fahrzeuge im Vordergrund stehen, weshalb letztlich auch zu diesen Fragen keine Aussagen zwingend notwendig sind.

Dennoch, da Lithium im Gegensatz zum Benzin beim Fahren nicht verbraucht, sondern nur gebraucht wird, ist die Frage nach den Recyclingprozess langfristig entscheidend. Wie viel Lithium geht dabei verloren? Lithium-Batterierecycling wird derzeit nur in kleinem Maßstab betrieben. Verlässliche Zahlen sind zu diesen Aspekten nicht greifbar und sie sollten auch, je nach Batterietyp, durchaus deutlich von einander abweichen. Für eine detaillierte Studie wäre jedoch eine enge Kooperation mit den Herstellern erforderlich.

In dieser Studie wird unterstellt, dass die Automobilindustrie aktiv beim Ausbau der Lithium-Batterie-Produktion mitwirken wird, dass die Fahrzeuge konkurrenzfähig sein werden und dass bei entsprechenden Batteriemengen auch das Recycling der enthaltenen Rohstoffe betrieben wird.

2.5 Das Referenzfahrzeug

Um nicht zu optimistische Annahmen für die Zukunft zu treffen, soll deshalb ein bereits heute existierendes Plug-in Hybrid Fahrzeug als Referenzfahrzeug dienen. Hierfür wurde der Cleanova II von "Société des Véhicules Electriques" (S.V.E.) ausgewählt. Die S.V.E. ist ein Unternehmen der Dassault Gruppe und befasst sich mit der Entwicklung von elektrischen Fahrzeugen. Beim Cleanova handelt es sich nicht direkt um ein Fahrzeug, sondern primär um einen Antriebsstrang, der in bereits bestehende Fahrzeugmodelle eingebaut werden kann.

Das Cleanova System besteht aus einem Elektromotor für den Antrieb des PKWs, der von Lithium-Batterien mit Strom versorgt wird. Alternativ zum reinen Elektroauto bietet S.V.E. auch einen Plug-in Hybrid. Letztere Version hat zusätzlich einen kleinen Verbrennungsmotor fest integriert, der primär als Notstromgenerator dient. Als Treibstoff kann dieser PHEV in seiner aktuellen Bauform neben elektrischem Strom auch Benzin, reines Ethanol (E100) oder eine beliebige Mischung aus beidem verwenden. Der Hersteller der Motoreinheit ist die kanadische Firma TM4. Die Batteriesysteme der Versuchsfahrzeuge stammen von der Firma Saft. Laut [SVE-2007] ist jedoch auch die Verwendung anderer Lithium-Batterietypen möglich.

Tomi Engel

Abb. 2.5.1: Der Cleanova II wird in dieser Studie als Cleanova 2004 geführt

Rund 30 mit Cleanova-Antrieb bestückte Fahrzeuge waren bei der Französischen Post im Rahmen des Forschungsprojektes VAL-VNX im Testbetrieb. Hierbei wurden Fahrzeuge vom Typ Renault Kangoo verwendet. Als Cleanova III wird die Umrüstung eines Renault Scenic bezeichnet. Anfang 2007 wurde mit der Umrüstung von Fiat Doblo Fahrzeugen begonnen. Cleanova II (Kangoo) als auch der Cleanova III (Scenic) wurden auf dem Michelin Challange Bibendum 2006 vorgeführt.

Anfang 2007 hat die Französische Post erklärt [WBN-2007], dass die Versuche erfolgreich waren und man bis Ende 2009 rund 50% der insgesamt 48.000 Postfahrzeuge durch Cleanova-Technologie ersetzen will. Damit müssten pro Jahr rund 10.000 Fahrzeuge produziert werden.

Im Gegensatz zu den bisherigen Testfahrzeugen soll das Serienfahrzeug mit einem stärkeren Elektromotor ausgerüstet werden. Der Verbrennungsmotor wird nun von der Weber Motor AG produziert und kann über eine Kupplung auch direkt auf die Antriebswelle zugeschaltet werden. Neben reinem Benzin soll das Aggregat auch mit Ethanol betrieben werden können. Technisch wird der Antriebsstrang nun zu einem seriell-parallel Hybriden. Dies wirkt sich bei Langstreckenfahrten positiv auf die Verbrauchswerte aus und erlaubt eine höhere Reisegeschwindigkeit.

Abb. 2.5.2: "Cleanova 2008" Antriebsstrang MoGen2

S.V.E. Cleanova II (2004)	
Insassen	5 Personen
Batteriekapazität	30 kWh
Beschleunigung (0-50 km/h)	6,7 s
Beschleunigung (0-100 km/h)	13,4 s
Höchstgeschwindigkeit	130 km/h
Leistung (E-Motor)	35 kW (kurzzeitig 45 kW)
Besonderheiten PHEV:	
Batteriekapazität	22 kWh
Tankinhalt (Benzin)	20 Liter (= 190 kWh)
Elek. Leistung (Notstromgenerator)	15 kW

Tab. 2.5-1: Technische Kenndaten des Cleanova II

Fahrprofil	Elektro	PHEV
Reichweite ...		
Innerorts	245 km	485 km
konstant 50	280 km	545 km
Außerorts	180 km	395 km
konstant 90	175 km	390 km
Verbrauch je 100 km ...		
Innerorts	12,2 kWh	44 kWh
Außerorts	16,6 kWh	54 kWh
Innerorts (nur Benzin)	-	(63 kWh)
Außerorts (nur Benzin)	-	(72 kWh)

Tab. 2.5-2: Fahrleistung und Verbräuche des Cleanova II. Die Energiemengen sind "Tank-to-Wheels" Angaben, also ohne Ladeverluste.

S.V.E. Cleanova 2008	
Insassen	5 Personen
Batteriekapazität	25 kWh
Höchstgeschwindigkeit	130 km/h
Leistung (E-Motor)	37 kW (kurzzeitig 54 kW)
Besonderheiten PHEV:	
Höchstgeschwindigkeit	bis 160 km/h
Leistung (Hybridsystem)	80 kW (kurzzeitig 97 kW)
Batteriekapazität	20 kWh
Tankinhalt (Benzin)	50 Liter (= 475 kWh)
Elek. Leistung (Notstromgenerator)	12,5 kW

Tab. 2.5-3: Technische Kenndaten des Cleanova 2008 mit "MoGen2"

Fahrprofil	Elektro	PHEV
Reichweite ...		
Innerorts	155 km	890 km
konstant 50	180 km	1400 km
Außerorts	105 km	875 km
konstant 90	100 km	875 km
Verbrauch je 100 km ...		
Innerorts	12,2 kWh	?
Außerorts	17,8 kWh	?
Innerorts (nur Benzin)	-	65 kWh
Außerorts (nur Benzin)	-	62 kWh

Tab. 2.5-4: Fahrleistung und Verbräuche des Cleanova 2008 mit "MoGen2". Die Energiemengen sind "Tank-to-Wheels" Angaben, also ohne Ladeverluste.

Die in Tabelle 2.5-1 publizierten technischen Daten, als auch die Informationen zum Energieverbrauch im Fahrbetrieb (Tab. 2.5.-2), basieren auf dem alten Cleanova II-Antrieb und wurden aus [IEA-2006] entnommen.

Die aus den Daten ableitbaren Energieverbräuche sind für den elektrischen Fall "ab Batterie" und nicht "ab Steckdose" bemessen. Veranschlagt man für den Ladevorgang einen Wirkungsgrad von 85%, so steigt der Energieverbrauch im Gegensatz zu den in der Tabelle 2.5-2 aufgeführten Werten, innerorts auf 14,4 kWh und außerorts auf 19,6 kWh. Für unsere "Worst-Case"-Abschätzung wurden diese Werte auf 15 und 20 kWh je 100 Kilometer aufgerundet.

Da in [IEA-2006] keine Details zum verwendeten Testverfahren publiziert wurden, wird für den Plug-in Hybrid Fall – also bei zusätzlicher Nutzung des Hilfsmotors – angenommen, dass sowohl Batterie als auch Benzintank nach Fahrtende leer waren und somit insgesamt 212 kWh Energie verbraucht wurden [6].

Der Energieverbrauch im "nur Benzin"-Modus wurde rechnerisch aus dem Hybrid-Fall abgeleitet. Diese Werte sind rein theoretischer Natur und deshalb in Klammern gesetzt. Es sei hier jedoch darauf hingewiesen, dass sich auch im "Benzin"-Modus die Eigenheiten des elektrischen Antriebs wiederfinden: geringer Verbrauch "innerorts", hoher "außerorts"

Anzumerken ist an dieser Stelle, dass es bisher für PHEVs noch keine standardisierten Prüfverfahren für den "Hybrid-Fall" gibt. Wie sich in den nachfolgenden Kapiteln zeigen wird, sind heutige Prüfmethoden nicht in der Lage, die Eigenheiten dieser Fahrzeuge praxisgerecht zu erfassen. Dies macht auch die Festlegung eines einzigen, "typischen" CO_2-Emissionskennwertes problematisch. Vor allem in den USA hat man bereits erste konkrete Ideen für angepasste Prüfverfahren erarbeitet und die IEA-HEV Arbeitsgruppe will sich diesem Thema ebenfalls annehmen.

Zum Gewicht des Cleanova-Fahrzeuges waren keine Zahlen verfügbar. Es kann jedoch analog zum Vorgänger, dem PHEV Kangoo "Elect'road", angenommen werden, dass das Fahrzeug die gleiche Nutzlast bewegen kann, aber insgesamt ein Mehrgewicht von rund 150 kg aufweist. Vor diesem Hintergrund sind die geringen Energieverbräuche noch erstaunlicher.

---

[6] Der PHEV Cleanova hat nur 22 kWh Batterien plus 20 Liter Benzin. Bei 9,5 kWh Brennwert pro Liter Benzin entspricht der Benzintank einer Energiemenge von 190 kWh.

Obwohl der Cleanova II mit 35 kW einen nominell schwächeren Motor hat, als der vergleichbare Benziner (55 kW) beschleunigt er um fast eine Sekunde schneller von 0 auf 100 km/h. Der Benziner braucht 14,2 und der PHEV lediglich 13,4 Sekunden. Einbußen in der Fahrdynamik sind bei PHEVs offensichtlich nicht zu befürchten.

Die MoGen2-Antriebseinheit des geplanten Serienfahrzeuges, dem "Cleanova 2008", stellt noch mehr Leistung bereit. Die Fahrdynamik sollte dadurch noch besser werden. Da MoGen2 von seiner Bauart ein seriell-paralleler Hybrid ist, bei dem der Verbrennungsmotor direkt auf die Antriebswelle zugeschaltet werden kann, sinken im reinen Benzinmodus auch die Verbrauchswerte außerorts deutlich ab. Die Kenndaten aus Tabelle 2.5-3 und -4 sind erste Prognosewerte. Da die Wahl des endgültigen Basisfahrzeuges noch nicht getroffen wurde und sich diese Wahl über Luftwiderstand, Gewicht und andere Faktoren auf den tatsächlichen Energieverbrauch auswirken wird, dient der "Cleanova 2008" nur als Beispiel, für das, was in Zukunft möglich ist. Die Studie stützt sich für weitere Abschätzungen hingegen auf die ungünstigeren, aber dafür gesicherten Daten des Cleanova II.

Die Cleanova Fahrzeuge haben sich offensichtlich in der Praxis bewährt. Die Französische Post ("La Poste") sieht einen ökonomischen Vorteil in der Nutzung dieser PKWs und eine rein elektrische Reichweite von über 150 km ist möglich. Die von S.V.E. umgebauten Fahrzeuge sind typische Mittelklassewagen bzw. Vans. Analog zum VW Caddy oder VW Golf sind sie damit sowohl von Lieferdiensten über Handwerker bis hin zur Großfamilien mit Kindern nutzbar.

Festzuhalten ist, dass bereits heute ein PHEV150 gebaut werden kann, der für den Massenmarkt geeignet ist und die heute üblichen Erwartungen an einen PKW erfüllen kann.

2.6 Energieverbrauch

Als Ausgangsbasis für die nachfolgenden Szenarien sind vor allem die Energieverbräuche von Bedeutung, denn diese werden später in CO_2-Emissionen umgerechnet. Aus diesem Grund soll hier noch auf bestimmte Aspekte dieser Zahlen genauer eingegangen werden.

In der Tabelle 2.6 sind die Verbräuche (in kWh) einiger ausgewählter Fahrzeuge aufgeführt. Es wurden vor allem Fahrzeugtypen ausgesucht, die von ihrer Bauart mit dem Cleanova Referenzfahrzeug vergleichbar sind. Die Werte sind ab "Tankdeckel" gerechnet, also bei elektrischer Mobilität als "Plug-to-Wheels". Der Wirkungsgrad des Ladevorgangs wurde mit 85% veranschlagt. In Klammer gesetzte Zahlen ergeben sich aus eigenen Berechnungen und nicht aus Literaturwerten.

In dieser Studie werden die Treibstoffverbräuche von Verbrennungsfahrzeugen von Liter in entsprechende kWh Brennwert-Äquivalente umgerechnet. Im Gegensatz zum meist verwendeten Heizwert erlaubt dies eine faire Vergleichbarkeit zwischen unterschiedlichen Energieformen.

Zu beachten ist, dass nicht alle Werte nach dem gleichen Verfahren ermittelt wurden. Bei den Elektroautos wurde entweder mit dem japanischen oder dem amerikanischen Normzyklus gemessen. Die anderen Fahrzeuge wurden nach dem europäischen Fahrzyklus, gemäß 70/220/EWG in der Fassung 98/69/EG, beurteilt.

Die Wahl des Fahrzyklus hat durchaus Einfluss auf den gemessenen Verbrauch wie folgendes Beispiel zeigt. So wie die EU hatte auch Japan bisher einen sehr "theoretischen" Fahrzyklus, genannt "10-15 Mode". In Japan wird ab 2010 jedoch der neue JC08-Zyklus eingeführt. Er beschreibt ein deutlich "chaotischeres", sprich praxisnäheres Fahrprofil. Allein durch das Testverfahren steigt so der Verbrauch eines Toyota Prius von bisher 2,8 Liter ("10-15 Mode") auf gut 3,7 Liter (JC08). In der EU wird der Prius hingegen mit kombinierten 4,3 Liter geführt. Die Abweichung beträgt bis zu 1,5 Liter!

Die kombinierten Verbrauchswerte in der EU entstehen im Prinzip durch eine Gewichtung von 33,3% Fahranteil innerorts und einen 66,6% Anteil

Fahrzeugtyp	Innerorts	Außerorts	Kombiniert
Elektro			
Subaru R1e	-	-	(12)
Mitsubishi i MIEV (47 kW)	-	-	(15)
Tesla Roadster (185 kW)	-	-	12,8
Toyota RAV4 (50 kW)	20,5	25,3	(23,7)
Elektrohybrid			
Cleanova - Strommodus (35 kW)	14,4	19,6	(17,9)
Cleanova - Hybridmodus (35 kW)	44	54	(47)
Cleanova - Benzinmodus (35 kW)	(63)	(72)	(69)
Diesel			
VW Lupo 3L (45 kW)	38	29	32
VW Golf 1,9 TDI (66 kW)	68	46	53
VW Caddy 1,9 TDI (77 kW)	80	59	66
Fiat Doblo 1,3 Multijet (51 kW)	72	52	59
Renault Kangoo 1,5 dCi (50 kW)	64	56	59
Benzin			
VW Caddy 1,4l (55 kW)	99	66	78
Fiat Doblo 1,2 8V (48 kW)	93	73	(80)
Renault Kangoo 1,2 16V (55 kW)	85	55	66
Erdgas			
Fiat Doblo Natural Power (76 kW)	113	72	87
Renault Kangoo 1,6 16V (60 kW)	133	71	93

Tab. 2.6: "Tank-to-Wheels" bzw. "Plug-to-Wheels" Energieverbräuche für ausgewählte PKWs in kWh Brennwert je 100 km.

außerorts. Für normale Autos mit Verbrennungsmotor kann man vereinfacht sagen, dass der Verbrauch innerorts 25% höher liegt, als der kombinierte und dass außerorts dieser Wert 13% niedriger liegt.

Wie bereits erwähnt, haben Elektrofahrzeuge in der Stadt hingegen einen besonders niedrigen Verbrauch. Dies wurde nicht nur für den Cleanova publiziert [IEA-2006], sondern auch beim Toyota RAV4 [SCE-1999] und anderen Fahrzeugen festgestellt. In der Stadt benötigt der normale Benzin-Kangoo etwa 6-mal mehr Energie ab "Tankdeckel" als der elektrische Cleanova-Kangoo (siehe Tabelle 2.6), und das obwohl der PHEV sogar gut 150 kg schwerer ist. Im Vergleich zum Erdgas-Kangoo ist der Cleanova in der Stadt sogar um den Faktor 9 und im Vergleich zum 3 Liter Lupo immerhin noch um den Faktor 2,5 sparsamer!

Im Gegensatz zu Verbrennungsfahrzeugen verursacht bei der elektrischen Mobilität ein stärkerer Motor auch nicht unbedingt automatisch höhere Stromverbräuche. Der Tesla Roadster ist trotz 185 kW E-Motor sparsamer als der Cleanova mit 35 kW. Der Sportwagen verbraucht also weniger als der Kleinwagen!

Generell ist festzuhalten, dass unsere – nach Normverfahren gemessenen – Verbrauchswerte primär dem relativen Vergleich zwischen unterschiedlichen Fahrzeugen dienen. Die Werte sagen aber nur bedingt etwas über den realen Energieverbrauch in der Praxis aus. Neben dem Fahrverhalten des Autobesitzers haben heute auch Zusatzeinrichtungen wie Servolenkung und Klimaanlage einen signifikanten Einfluss auf den Energieverbrauch. Selbst die Bauform eines Fahrzeuges kann einen großen Einfluß haben. Lage und Größe von Glasscheiben prägen die Aufheizungsrate eines in der Sonne geparkten PKWs und bestimmen damit wiederum den Energieaufwand zur Klimatisierung.

Hervorzuheben ist, dass bei elektrischen Fahrzeugen die Energieverbräuche innerorts meist geringer sind als außerorts! Beim Verbrennungsmotor sind die geringsten Verbräuche immer außerorts. Aufgrund dieses strukturellen Unterschiedes sind rein auf Basis des kombinierten Verbrauches getroffene Aussagen bereits fragwürdig. Das tatsächliche Nutzungsverhalten hat bei einer realitätsnahen Beurteilung der elektrischen Mobilität eine noch höhere Bedeutung.

Zusammenfassung:

- Nickel-Metallhydrid-Batterien erlauben bereits seit einigen Jahren den Bau von markttauglichen Elektro-(hybrid)-Fahrzeugen.
- Moderne Lithium-Batterien stellen einen technologischen Durchbruch dar, der eine komplette Neubewertung der Elektromobilität erfordert.
- Elektrische Mobilität benötigt auch mit schweren Fahrzeugen innerorts nur 15 kWh und außerorts 20 kWh je 100 km (rund 1,5 bis 2 Liter Treibstoff). Dies sind beträchtliche Effizienzvorteile.
- Elektrische Mobilität kann in allen Fahrzeugklassen eingeführt werden.
- Plug-in Hybridfahrzeuge können alle Erwartungen an einen heute typischen PKW erfüllen.
- Plug-in Hybridfahrzeuge befinden sich in einigen Ländern (USA, Frankreich) kurz vor der Massenproduktion.

3 Der PKW-Verkehr

Die PKW-Flotte mit nur einem "Durchschnittsfahrzeug" abzubilden erscheint problematisch. Die unterschiedlichen Fahrzeugtypen haben verschiedene Bewegungsprofile. Manche würden durch elektrische Mobilität mehr und manche weniger profitieren. Das Kraftfahrt-Bundesamt unterscheidet in [KBA-2006b] zwölf verschiedene PKW-Typen. In dieser Studie beschränken wir uns jedoch auf nur vier Typen:

- **Kleinwagen** (CV-KW) beinhalten die Minis und Kleinwagen. Typische Vertreter sind smart fortwo bis VW Polo.
- **Mittelklassewagen** (CV-MW) beinhalten die Kompaktklasse, Mittelklasse, Obere Mittelklasse, Vans und leichte Utilities. Vertreter sind z.B. VW Golf, Ford Focus, Audi A4, BMW 5er, Opel Zafira, Mercedes Vito.
- **Oberklassewagen** (CV-OW) stehen für die Oberklasse, Geländewagen und Cabriolets. Fahrzeuge dieser Klasse sind Porsche 911, Audi Q7, VW Touareg, BMW X3, Mercedes SLK
- **Lieferwagen** (CV-LW) besteht aus den schweren Utilities, wie beispielsweise der Ford Transit oder Mercedes Sprinter.

Wohnmobile und andere Sondertypen werden nicht betrachtet, da diese weder viele Kilometer zurücklegen, noch in großen Stückzahlen vorhanden sind.

3.1 Fahrzeugbestand

Insgesamt waren in Deutschland im Jahr 2006 rund 46 Millionen PKWs zugelassen [KBA-2006a], fast 80% davon waren Benziner und 20% Diesel-Fahrzeuge. Andere Motorenarten sind praktisch nicht vertreten.

Statistisch besitzt heute im Prinzip jeder zweite Bundesbürger ein Auto. Beschränkt man sich auf die 18 bis 70-Jährigen, so hätten drei von vier Erwachsenen einen PKW. Nur in jedem zweiten von derzeit 40 Millionen Haushalten gibt es Kinder, doch in diesen Fällen hat wiederum jeder zweite Haushalt einen Zweitwagen. Der Zweitwagen wird überwiegend für kurze Strecken eingesetzt.

Der PKW-Markt ist in Deutschland gesättigt und so ersetzten die meisten Neuwagen vorwiegend ein altes Fahrzeug. Rund 3,3 Millionen PKWs wur-

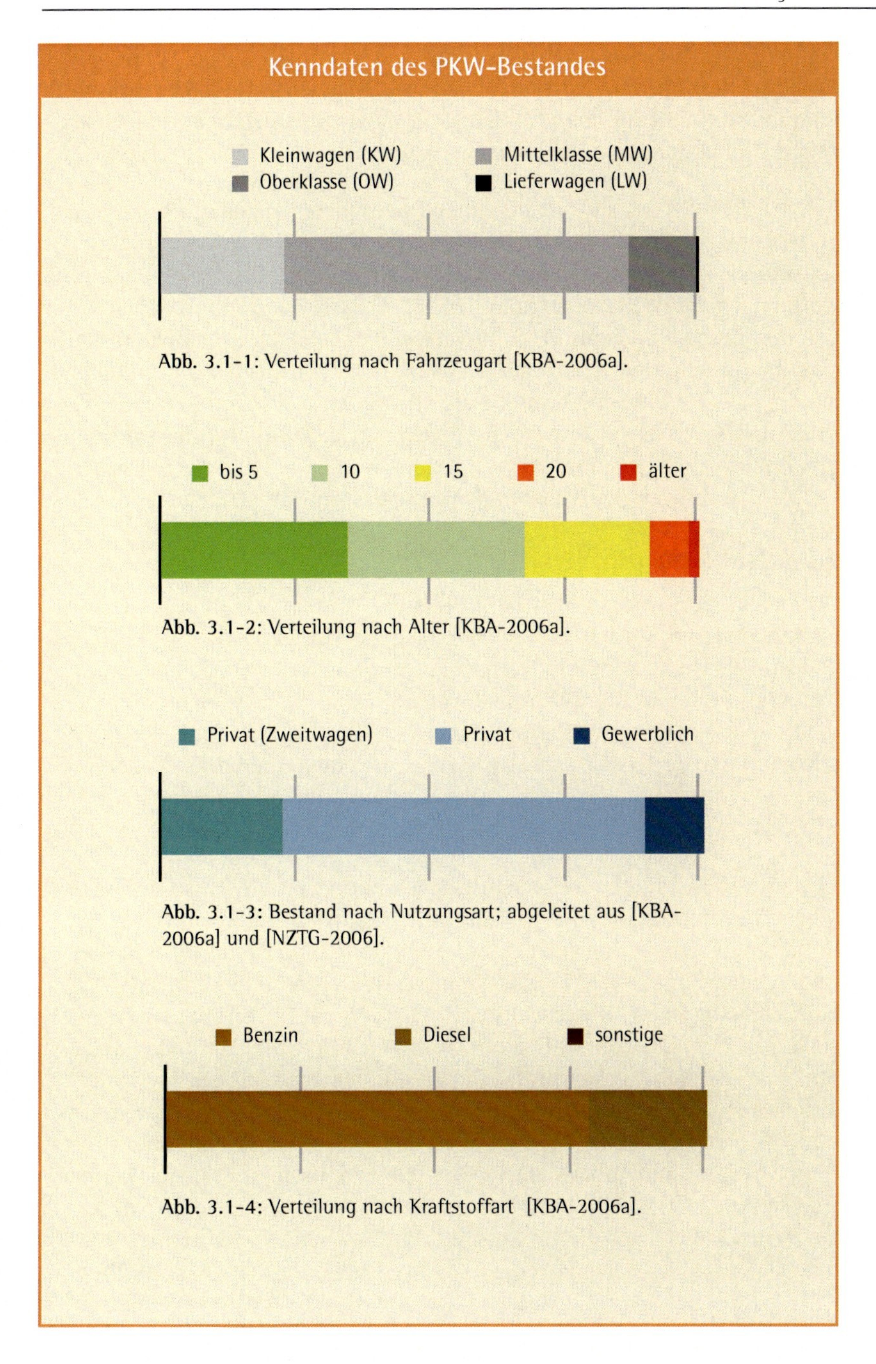

Abb. 3.1-1: Verteilung nach Fahrzeugart [KBA-2006a].

Abb. 3.1-2: Verteilung nach Alter [KBA-2006a].

Abb. 3.1-3: Bestand nach Nutzungsart; abgeleitet aus [KBA-2006a] und [NZTG-2006].

Abb. 3.1-4: Verteilung nach Kraftstoffart [KBA-2006a].

den im Jahr 2006 neu zugelassen, wovon fast die Hälfte einen Diesel-Motor besaß. Sowohl aus den Neuzulassungen als auch aus der Altersverteilung im Bestand kann man folgern, dass nach 15 Jahren nahezu alle Fahrzeuge einmal durch ein neues ersetzt werden.

Aus der Grafik 3.1-1 kann man, anhand gerundeter Angaben für die Neuzulassungen aus dem Jahr 2006, die Marktrelevanz der konventionellen Fahrzeuge (CV) in den jeweiligen Klassen abschätzen. Der Cleanova PHEV würde nach dieser Klassifizierung den Mittelklassewagen zugeordnet werden und deshalb auch als PHEV90-MW in den späteren Szenarien auftauchen (Kapitel 5). Der Subaru R1e wäre ein typischer Kleinwagen und damit ein EV-KW. Der Plug-in Sprinter wäre analog dazu ein Vertreter der Klasse PHEV30-LW. Lieferwagen werden im weiteren Verlauf aufgrund der geringen Anzahl nicht gesondert betrachtet. Sie werden anteilig nach ihrem Treibstoffverbrauch den anderen Fahrzeugklassen (MW, OW) zugeordnet.

3.2 Nutzungsprofile

Wie bereits gezeigt wurde, ist bei PHEVs das Nutzungsprofil besonders entscheidend, da für unterschiedliche Wegstrecken unterschiedliche Treibstoffe (Strom oder Sprit) verwendet werden können. Doch auch das Nutzungsprofil von Zweitwagen, Privat-PKW und Dienstwagen unterscheidet sich deutlich. Zweitwagen sind meist kleinere Benziner, mit denen vor allem viele kurze Strecken innerorts zurückgelegt werden. Dienstwagen hingegen fahren deutlich mehr lange Strecken außerorts und tanken vorwiegend Diesel.

Eine erste Abschätzung der eigentlichen Nutzungsprofile – also der typischen Wegstrecken und deren Häufigkeit – kann mit Hilfe von Daten des Bundesministeriums für Verkehr, Bau und Stadtentwicklung (BMVBW) erfolgen, die offenbar aus der KiD-Studie abgeleitet wurden. Das BMVBW hat Daten für einen "Durchschnitts-PKW" (also ein CV-MW) zusammengestellt. Aus dem Streckenprofil eines CV-MW (Abb. 3.2-2) kann man ablesen, dass die Wegstrecken bis maximal 5 Kilometer rund 50% aller Fahrten ausmachen. Für Entfernungen unterhalb von 20 km steigt der Anteil sogar auf 84%. Folglich würde bereits ein PHEV30 mit 30 km elektrischer Reichweite, im Prinzip 84% aller Wege rein elektrisch zurücklegen können. Dies setzt jedoch voraus, dass man am Zielort auch immer sofort wieder auftanken kann.

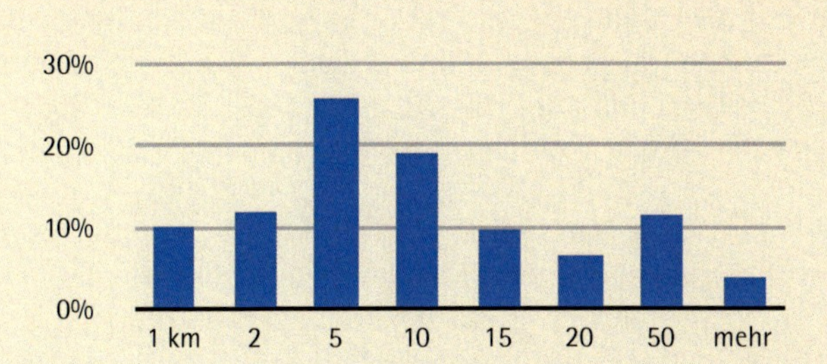

Abb. 3.2-1: Der Anteil der Wegstrecken innerhalb einer definierten Fahrstrecken-bandbreite für einen deutschen Durchschnitts-PKW laut BMVBW (2003).
Beispiel: 25% aller Fahrten sind im Mittel 5 km lang (Bandbreite: 2,5 bis 7,5 km)

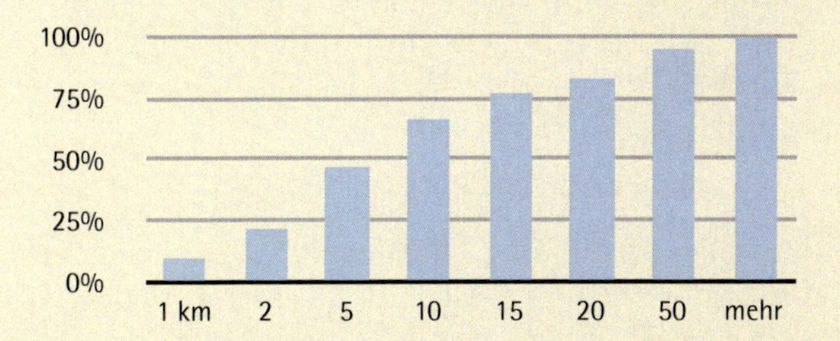

Abb. 3.2-2: Der Anteil der Wegstrecken bis zu einer bestimmten Kilometerlänge.
Diese Werte sind die akkumulierten Anteile aus Abbildung 3.2-1
Beispiel: 84% aller Fahrten sind kürzer als 20 km.

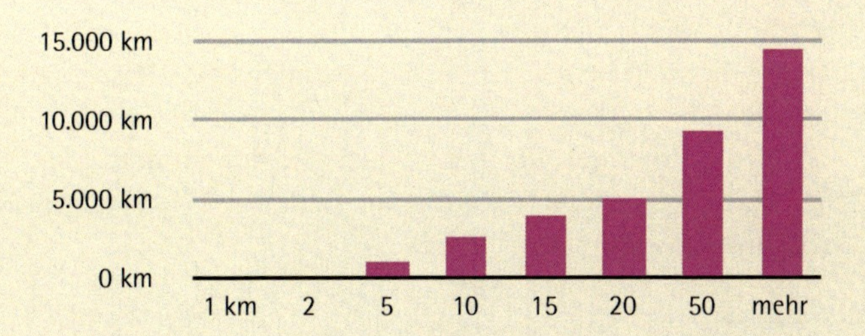

Abb. 3.2-3: Die kumulierte Fahrleistung bis zu einer bestimmten Wegstreckenlänge für einen deutschen Durchschnitts-PKW laut BMVBW (2003). Beispiel: Alle Fahrten bis 20 km machen insgesamt nur ein Drittel (5000 km) der Jahresfahrleistung aus.

Grafik 3.2-3 zeigt hingegen, dass die kurzen Strecken bis 20 km nur ein Drittel der Fahrleistung ausmachen. Ein weiteres Drittel wird zwischen 20 und 50 km verbucht und die Fahrten mit mehr als 50 km bilden das restliche Drittel, also ebenfalls rund 5000 km. Hieraus würde sich ergeben, dass ein PHEV30 auf 66% und ein PHEV90 auf weniger als 33% der zurückgelegten Kilometer mit dem bordeigenen Notstromgenerator fahren müsste.

Da die detaillierten KiD-Datensätze nicht öffentlich zugänglich sind, wird die Verteilung der Fahrleistung auf die jeweiligen Straßentypen nach dem EU-Fahrzyklus unterstellt [7]. Ein Drittel aller Wege wird folglich innerorts und zwei Drittel außerorts zurückgelegt. Für Zweitwagen und Dienstwagen kann man davon leicht abweichende Nutzungsprofile unterstellen.

In dieser Studie wird angenommen, dass für alle Kleinwagen das Nutzungsprofil eines Zweitwagens zutrifft, für alle Mittelklassewagen das eines Privat-PKWs und es sich bei allen Oberklassewagen um gewerblich genutzte Dienstfahrzeuge handelt.

Aus [KID-2002] geht hervor, dass mit einem PKW im Schnitt 3 bis 4 Fahrten pro Tag erledigt werden und dabei ca. 60 km (privat) oder 110 km (geschäftlich) zurückgelegt werden. Im statistischen Mittel wird ein PKW nur an vier bis fünf Tagen in der Woche genutzt.

Da sowohl Fahrzeugklasse als auch Nutzungsart sehr große Parallelen aufweisen und eine detaillierte Simulation aller Fahrzustände nicht Gegenstand dieser Arbeit ist [8], werden für den weiteren Verlauf dieser Studie einige zusätzliche Vereinfachungen vorgenommen. Im Mittel sollten sich die damit einhergehenden Fehler gegenseitig ausgleichen. Die zentralen Kenndaten der sich so ergebenden Referenzfahrzeugklassen werden später in Tabelle 4.4-1 zusammengestellt und orientieren sich an den Erkenntnissen von [KID-2002]. Diese Referenzfahrzeuge bilden die Grundlage für alle weiteren Überlegungen.

[7] In [IFEU-2004] wird von 30% innerorts, 40% außerorts und 30% Autobahn ausgegangen.

[8] Detaillierte Simulationen des Fahrzeugbestandes werden unter anderem von den Datenbanksystemen TREMOD (UBA - ifeu) und TREMOVE (EU Kommission, DG TREN) durchgeführt. Doch auch in diesen, sehr aufwendigen Simulationen, werden zur Vereinfachung der Berechnung diverse Annahmen getroffen und Vereinfachungen der Realität vorgenommen. Aus den Datenmodell beider Systeme lässt sich vermuten, dass derzeit keines von beiden die Besonderheiten von PHEV-Fahrzeugen korrekt abbilden könnte.

Zusammenfassung:

- In Deutschland gibt es 46 Millionen PKWs.
- Jeder vierte Haushalt hat einen Zweitwagen.
- Jährlich werden 3 Millionen Fahrzeuge neu zugelassen, wodurch sich die PKW-Flotte alle 15 Jahre erneuert.
- Kleinwagen könnten als reine Elektroautos konzipiert werden.
- Mittelklasse- und Oberklassewagen könnten mit PHEV-Technik ausgestattet werden.
- Ein PHEV30 kann mindestens 33% aller Strecken elektrisch zurücklegen.
- Ein PHEV90 kann mindestens 66% aller Strecken elektrisch zurücklegen.

4 CO_2-Emissionen

Der Klimawandel wird in den nächsten Jahren noch mehr an Bedeutung gewinnen. Die Debatte, ob vom Menschen verursachte CO_2-Emissionen am Klimawandel schuld sind, ist offenbar endlich beendet. Die Debatte um die "besten" Maßnahmen zur Reduktion von Treibhausgasen ist dafür im vollen Gang. Die EU hat sich ehrgeizige Ziele gesteckt. Vor allem Länder wie England, die im Kontext von "Peak Oil" bereits unter einem massiven Zusammenbruch der heimischen Erdöl- und Erdgasproduktion leiden, sind scheinbar entschlossen der Bevölkerung "radikalen" Klimaschutz zu verordnen. Was auch immer die Motivation sein mag, die Reduktion der CO_2-Emissionen im Verkehr ist vor jedem Hintergrund ein erstrebenswertes Ziel.

4.1 Verkehrssektor

Der VDIK beziffert den Anteil der CO_2-Emissionen des Verkehrs in Deutschland, bezogen auf das Jahr 2002, auf 20% und den Anteil des PKW-Verkehrs auf 12%. Es könnte hierdurch der Eindruck entstehen, dass eine CO_2-Reduktion im PKW-Sektor keine nennenswerte Auswirkung auf die Gesamtemissionen hätte. Doch gilt es folgendes zu beachten:

- Der Verkehr ist zu fast 100% vom Erdöl abhängig. "Peak Oil" wird unabhängig vom Klimawandel die Regierungen zu deutlichen Einsparungen zwingen.

- Die im Verkehr benötigten Treibstoffe stehen in direkter Konkurrenz zu den Treibstoffen der Blockheizkraftwerke für die dezentrale Stromproduktion.

- Eine Substitution von Erdöl durch verflüssigtes Erdgas (GtL) wird die CO_2-Emissionen insgesamt erhöhen; im Fall von verflüssigter Kohle (CtL) sogar drastisch.

Eine exakte Festlegung der Emissionswerte scheint in sich bereits sehr fragwürdig, da es für deren Berechnung unterschiedlichste Schlüssel gibt. Über die "richtigen" Umrechnungsfaktoren darf und wird in der Fachwelt auch in Zukunft weiterhin gestritten werden. Da die Qualität der Treibstoffe gemäß den DIN Normen eine bestimmte Schwankung haben kann, werden selbst für die Umrechnung von im Treibstoff enthaltenen Kohlenstoff in das Verbrennungsprodukt "Kohlendioxid" unterschiedliche Kennzahlen verwendet. Eine sinnvolle Betrachtung muss zusätzlich auch die Energieaufwendungen in den Bereitstellungsketten berücksichtigen. Vor allem hier ist man auf viele Annahmen angewiesen und es bleiben immer die Fragen nach "der" Gewinnung, Umwandlung, Verteilung und der Abgrenzung dieser Rechnungen. Die Bandbreite der Schwankungen ist teilweise immens. Für CO_2-Emissionen im Verkehr werden darüber hinaus noch mehrere Werte publiziert:

- **"Tank-to-Wheels"** (TTW) benennt die Emissionen beim Fahrvorgang. Diese Emissionen entstehen regional und sind direkt am Fahrzeug relativ genau messbar.
- **"Well-to-Tank"** (WTT) benennt die Emissionen in der Treibstoffproduktion. Diese Emissionen entstehen global und sind recht ungenau, da sie statistisch abgeschätzt werden.
- **"Well-to-Wheels"** (WTW) ist die ganze Kette ab der Treibstoffproduktion:. "Well-to-Tank" plus "Tank-to-Wheels".

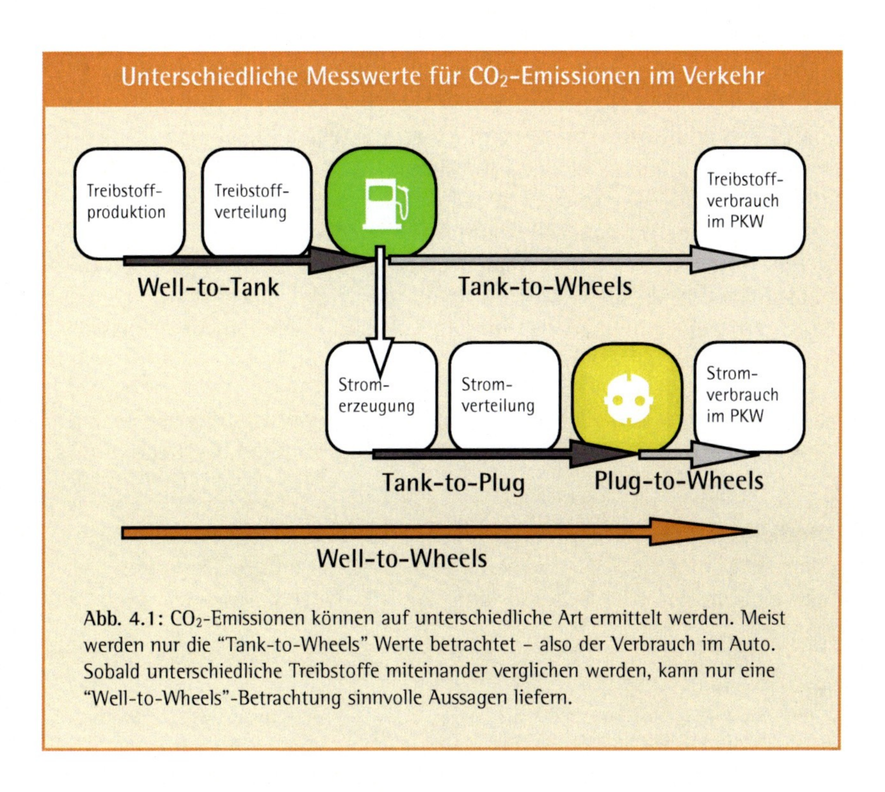

Abb. 4.1: CO_2-Emissionen können auf unterschiedliche Art ermittelt werden. Meist werden nur die "Tank-to-Wheels" Werte betrachtet – also der Verbrauch im Auto. Sobald unterschiedliche Treibstoffe miteinander verglichen werden, kann nur eine "Well-to-Wheels"-Betrachtung sinnvolle Aussagen liefern.

Der VDIK veröffentlicht für alle PKWs CO_2-Werte gemäß EU-Richtlinie 80/1268/EWG. Dies sind real gemessene “Tank-to-Wheels” Angaben [VDIK-2006] gemäß dem modifizierten neuen europäischen Fahrzyklus (MNEFZ), wie er im Anhang beschrieben ist. Das gleiche gilt auch für Informationen des Kraftfahrt-Bundesamtes, für die Angaben der PKW-Hersteller als auch für die meisten Studien zu CO_2-Emissionen im Verkehrssektor.

In der EU “Well-to-Wheels”-Studie [EJRC-2006] findet man sowohl “Tank-to-Wheels” als auch “Well-to-Wheels” Angaben für nahezu alle Treibstoffe und diverse Fahrzeugtypen. Die Daten erfassen somit die gesamten Umwandlungspfade, basieren jedoch auf statistischen Erhebungen und im Computer simulierten Fahrzeugen.

Auch die GEMIS-Datenbank verfolgt das Ziel die gesamten Pfade abzubilden [9]. Doch geht man in [GEMI-2004] noch einen Schritt weiter und bezieht auch den Lebenszyklus eines gesamten PKWs mit ein. Die Emissionswerte liegen deshalb nochmals höher als bei einer reinen “Well-to-Wheels” Untersuchung.

Die EU-Zielvorgabe von 120 Gramm CO_2 pro Kilometer, ein Grenzwert den alle Autohersteller 2012 erreichen sollen, ist im Gegensatz zu VDIK- oder GEMIS-Zahlen nicht besonders einfach zu verstehen. Zum einen beinhaltet sie das verpflichtende Ziel von 130 Gramm CO_2. Dies ist ein typischer “Tank-to-Wheels”-Wert wie er bereits heute ermittelt wird. Doch um die geforderte Zielmarke von 120 Gramm zu erreichen, gibt es den 10 Gramm “Bonus”. Diese Reduktion beinhaltet “Well-to-Tank” Aspekte (z.B. ein Biotreibstoffbonus) als auch komplett neue, “ganzheitliche Gutschriften” wie die für effiziente Klimaanlagen und das, obwohl bisher die von Klimaanlagen verursachten Emissionen gar nicht erfasst wurden.

Das “120 Gramm”-EU-Ziel ist eine unzulässige Vermischung verschiedener Messmethoden. Das Ergebnis ist somit eine fragwürdige CO_2-”Reduktion”.

In dieser Studie soll der Verkehr nicht isoliert betrachtet werden, sondern es werden die CO_2-Emissionen inklusive der ganzen Vorketten mit einbezogen. Dies ist somit eine “Well-to-Wheels”-Analyse.

---

9 GEMIS, das “Globales Emissions-Modell Integrierter Systeme”, arbeitet mit Personenkilometern (Pkm) und nicht Fahrzeugkilometer (Fkm). Der Umrechnungsfaktor ist 1 Fkm = 1,44 Pkm.

In der nachfolgenden Tabelle 4.1-1 ist eine Auswahl an publizierten CO_2-Emissionen zusammengestellt. Im ersten Block sind die offiziellen "Well-to-Wheels"-Zahlen dargestellt und der zweite Block zeigt hochgerechnete "Well-to-Wheels"-Werte für die gleichen Fahrzeuge. Die Treibstoffproduktion wurde, analog zu [EJRC-2006], mit einem Aufschlag von 17% bei Benzin, 19% bei Diesel bzw. 15% bei Erdgas eingerechnet.

Fahrzeugtyp	g CO_2/km	Quelle
EU Ziel 2012 (WTW ?)	120	
EU Ziel 2012 (TTW ?)	130	
VW Lupo 3L (45 kW)	81	VDIK-2006
Toyota Prius (57 kW)	104	VDIK-2006
Lexus RX 400 H (155 kW)	192	VDIK-2006
VW Touareg R5 TDI (177 kW)	273	VDIK-2006
VW Caddy 1,9 TDI (77 kW)	167	VDIK-2006
VW Caddy 1,4l (55 kW)	202	VDIK-2006
Renault Kangoo 1,5 dCi (50 kW)	147	VDIK-2006
Renault Kangoo Erdgas (60 kW)	150	RENA-2007
VW Lupo 3L (45 kW) - WTW	96	
Toyota Prius (57 kW) - WTW	122	
Lexus RX 400 H (155 kW) - WTW	223	
VW Touareg R5 TDI (177 kW) - WTW	324	
VW Caddy 1,9 TDI (77 kW) - WTW	199	
VW Caddy 1,4l (55 kW) - WTW	236	
Renault Kangoo 1,5 dCi (50 kW) - WTW	175	
Renault Kangoo Erdgas (60 kW) - WTW	172	

Tab. 4.1-1: Ausgewählte Emissionswerte heutiger PKWs.

Fahrzeugtyp	g CO_2/km	Quelle
EU Ziel 2012 (WTW ?)	120	
EU Ziel 2012 (TTW ?)	130	
VW Golf 1,9 TDI (66 kW)	135 - 143	VDIK-2006
VW Golf 1,9 TDI (66 kW)	146 - 151	KBA-2006c
Diesel ("Golf") - TTW	134 - 142	EJRC-2007
Diesel ("Golf") - WTW	158 - 170	EJRC-2007
B5 - Diesel/RME ("Golf") - WTW	153 - 167	EJRC-2007
CtL ("Golf") - WTW	346 - 392	EJRC-2007
Erdgas (mittel)	220	GEMI-2004
Diesel (mittel)	187	GEMI-2004
Diesel (groß)	232	GEMI-2004
Diesel (BRD-mix)	301	GEMI-2004
Benzin (klein)	232	GEMI-2004
Benzin (mittel)	261	GEMI-2004
Benzin (groß)	324	GEMI-2004
Benzin (BRD-mix)	259	GEMI-2004
Diesel (2006)	173	KBA-2006b
Benzin (2006)	172	KBA-2006b
Kleinwagen (2006)	141	KBA-2006b
Mittelklasse (2006)	172	KBA-2006b
Oberklasse (2006)	222	KBA-2006b

Tab. 4.1-2: Ausgewählte Emissionswerte einzelner Referenzfahrzeuge und exemplarischer Fahrzeugtypen. Die Daten stammen aus unterschiedlichen Quellen und sind nach unterschiedlichen Methoden ermittelt worden.

Stellt man Zahlen aus unterschiedlichen Quellen gegeneinander, so wie dies in Tabelle 4.1-2 exemplarisch erfolgt ist, kann man diverse Sachverhalte verdeutlichen:

- Das EU-Ziel für 2012 ist unklar und weit von den heute typischen Emissionswerten entfernt. Dies gilt vor allem dann, wenn man das "120 Gramm"-Ziel als WTW-Wert interpretiert.
- Extrem geringe WTW-Werte – unter 100 Gramm – sind nur mit sehr kleinen und leichten Autos möglich (z.B. Lupo 3L).
- Die Elektrifizierung des Antriebsstranges kann deutliche Vorteile bringen. Dies zeigt der Vergleich "Prius vs. Golf" und "Lexus vs.Touareg".
- Zwei offizielle Messwerte für ein PKW-Modell können durchaus um über 5% von einander abweichen (VDIK vs. KBA).
- Bezieht man die gesamte Vorkette mit ein (WTW), so erhöht dies beim "Golf"-Klasse Fahrzeug der EJRC-Studie bereits heute die Emissionen um rund 25 Gramm. Da die Erdölproduktion immer energieintensiver wird, werden die Emissionen in der Vorkette kontinuierlich ansteigen.
- Mit Diesel aus Kohle (CtL) würden die Emissionen für diesen EJRC-Golf um den Faktor 2 auf über 346 Gramm ansteigen. Die Emissionen in der CtL-Produktion übersteigen mit 212 Gramm sogar die im Fahrzeugbetrieb (134 Gramm je Kilometer).
- Bei 5% Beimischung von Biodiesel wäre der EJRC-Golf um 5 g "besser" als ein normaler Diesel. Real ist er dennoch mindestens 33 Gramm vom EU-Ziel entfernt, wenn man es aufgrund des Biotreibstoffbonus als WTW-Ziel definiert.
- Die GEMIS-Werte sind besonders hoch, da hier zusätzlich der ganze Lebenszyklus eines PKWs eingerechnet wird. Der Aufschlag liegt in der Größenordnung von 30 bis 40%.

In dieser Studie dienen die durchschnittlichen Emissionskennzahlen des KBA als TTW-Referenzwerte für die drei Wagenklassen (Kleinwagen, Mittelklasse, Oberklasse).

4.2 Treibstoffsektor

Die Emissionsangaben für den PKW-Bereich erlauben bereits eine gewisse "Interpretationsfreiheit". Noch unklarer wird die Lage, wenn man die Vorkette, also die Treibstoffherstellung, mit berücksichtigen will.

Bereits die zukünftige Zusammensetzung der weltweiten Erdölproduktion wirft viele Fragen auf und im Kontext von "Peak Oil" ist auch noch zu klären, welche Mengen überhaupt auf dem Weltmarkt zur Verfügung stehen werden [ASPO-2007]. An diese Debatte schließt sich natürlich sofort die Frage nach dem jeweiligen Ölpreis an. Der Ölpreis wird dann wiederum zu Veränderungen im PKW-Kaufverhalten und im Fahrverhalten der Autobesitzer führen. Jeder dieser Faktoren ist schon alleine für sich schwer abzuschätzen, von einer Kombination aus allen ganz zu schweigen.

Die [IFEU-2006] Studie enthält vermutlich deshalb noch nicht einmal das Wort "Peak Oil" und schreibt alte Trends einfach bis in das Jahr 2030 fort. In [WUP-2006] wird nur in einem Satz "Peak Oil" erwähnt, eine detaillierte Abwägung der damit verbundenen Effekte ist jedoch auch dort nicht enthalten. Die Verkehrsszenarien in [WUP-2006] bauen fast komplett auf Zahlen von EWI/Prognos auf, die 2005 im Auftrag der Bundesregierung zusammengestellt wurden. Auch dort gibt es bis zum Jahr 2030 keine of-

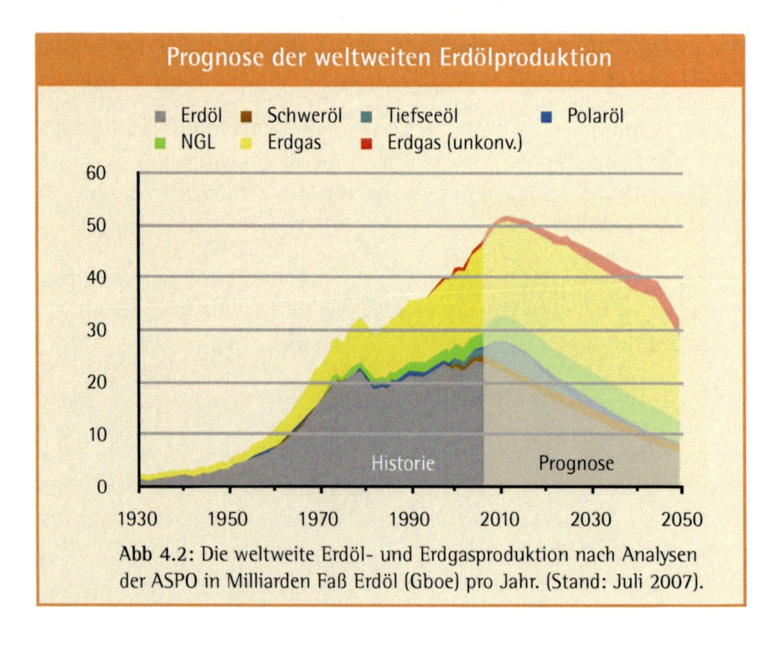

Abb 4.2: Die weltweite Erdöl- und Erdgasproduktion nach Analysen der ASPO in Milliarden Faß Erdöl (Gboe) pro Jahr. (Stand: Juli 2007).

fensichtlichen Veränderungen auf den Erdölmärkten, als ob es kein "Peak Oil" gäbe. Preise über 60 US Dollar pro Fass Öl sind auch im Jahr 2030 nicht "vorgesehen", obwohl dies bereits heute über längere Zeitperioden auf dem Weltmarkt Realität ist.

Die Erdölproduktion wird zunehmend aus Offshore-Ölquellen und unkonventionellem Öl wie den Teersanden oder Ölschiefern erfolgen (müssen). Dies bedingt deutlich höhere Energieaufwendungen und damit Treibhausgasemissionen in der Produktion, was wiederum die Emissionen je Liter Treibstoff erhöhen wird. Ein Fahrzeug, das mit Diesel aus kanadischen Teersanden fahren muss, hat bedingt durch die Vorkette automatisch einen höheren CO_2-Ausstoß (siehe [LBST-2006]).

Obwohl diese Aspekte für eine strategische Beurteilung extrem wichtig sind und obwohl diese Studie Veränderungen der nächsten 20 Jahre behandelt und damit sehr wohl zeitlich mit den Veränderungen der Ölproduktion korreliert, werden diese Fragen nicht zusätzlich behandelt. Zum einen gibt es zu viele Parameter und zum anderen sind die durch PHEVs verursachten Veränderungen vor allem struktureller Natur.

Vor dem Hintergrund von "Peak Oil" sei dennoch kurz auf eine dieser strukturellen Besonderheit ausdrücklich hingewiesen. PHEVs können zwei Energiequellen nutzen. Da die Kurzstrecken primär elektrisch zurückgelegt werden, würde sich ein rapider Preisanstieg beim Erdöl faktisch nur auf die Langstreckenfahrten auswirken. Das Pendeln in die Arbeit, Einkaufsfahrten, die Anreise zum Bahnhof und viele anderen für das öffentliche Leben wichtige Kurzstreckenfahrten wären somit nicht betroffen.

In dieser Studie wird unterstellt, dass die Prognosen der "Association for the Study of Peak Oil and Gas" (ASPO) für die Entwicklung der Erdölmärkte zutreffend sind. In den nächsten Jahrzehnten wird das Angebot nicht mehr jede Nachfrage befriedigen können. Im finanzstarken Deutschland wird Peak Oil anfangs nicht zu Treibstoffmangel führen, aber höhere Preise werden Kauf- und Fahrverhalten der Bundesbürger ebenso ändern, wie die politischen Rahmenbedingungen.

Es wird zwangsläufig eine stärkere Förderung von "Erdöl-freier" Mobilität geben und der Bürger wird sie verstärkt nutzen. Dies hat klare Auswirkungen auf die zukünftige Marktentwicklung bei PHEVs.

In den nachfolgenden Überlegungen werden keine grundlegenden Veränderungen oder gar Verwerfungen in der Erdölproduktion berücksichtigt. Als Grundlage für weitere Emissionsberechnungen dienen die heutigen Treibstoffkennzahlen, so wie sie in Tabelle 4.2 zusammengestellt sind.

Da alle Werte real meist innerhalb bestimmter Bandbreiten schwanken wurden hier Mittelwerte festgelegt. Ob diese mit den realen, statistischen Mittelwerten übereinstimmen, ist nicht bekannt. Die Literaturwerte weichen teilweise beträchtlich voneinander ab. In den genannten DIN-Normen werden die chemisch-physikalischen Eigenschaften der Treibstoffe definiert. Der Heizwert wird dort aber meist nur als geforderte Mindestgröße genannt und der Brennwert ist nie definiert. Die Kenngrößen wurden in Anlehnung an [BOSC-2007] und [ANL-2006] berechnet.

Die Emissionswerte wurden nur für die in dieser Studie relevanten Treibstoffe bestimmt und entstammen in diesen Fällen [EJRC-2007]. Es handelt sich um "Well-to-Wheels" Werte, also Angaben inklusive der Vorkette. Beim Erdgas wurde der Pfad "CNG-EU Mix" (GMCG1) gewählt, obwohl das europäische Erdgas vor dem Produktionsrückgang steht. Lange Pipelines (z.B. Erdgas aus dem Iran) oder die Nutzung von flüssigem Erdgas (LNG) würden rund 20% höhere Emissionen bei Erdgasfahrzeugen mit sich bringen.

Durch die vielen unterschiedlichen Herstellungs- und Bilanzierungsverfahren sind vereinfachte Angaben für Biotreibstoffe faktisch nicht machbar. Allein beim Bioethanol schwanken in [EJRC-2007] die Treibhausgasemissionen um den Faktor 3. Der überwiegende Teil dieser Emissionen ist auf die Anbauverfahren in der Landwirtschaft und die teilweise – auch energetisch – sehr aufwändigen Herstellungsverfahren zurückzuführen.

Der Einsatz von Biotreibstoffen hat zudem keine Auswirkung auf strukturelle Vor- oder Nachteile einer PHEV-Strategie. Biotreibstoffe würden die Emissionen bei normalen PKWs und PHEVs im gleichen Maß senken. Wenn, dann würde sich im Rahmen dieser Studie nur die – durchaus wichtige – Frage nach alternativen Nutzungspfaden für Biomasse stellen, da PHEVs neben der Verflüssigung auch die Verstromung von Biomasse erlauben würden. Diese ist jedoch nicht Gegenstand dieser Studie. Im Anhang ist lediglich eine kurze Betrachtung zur Flächeneffizienz enthalten.

	Benzin	Diesel	Erdgas (H)	Erdgas (L)
Standard	DIN EN228	DIN EN590	Prüfgas G20	Prüfgas G25
Dichte (kg/m3)	760	840	0,72	0,78
Heizwert (kWh/kg)	11,5	11,9	13,9	11,2
Brennwert (kWh/kg)	12,5	12,7	15,4	12,4
Brennwert (kWh/Liter)	9,5	10,7	-	-
Heizw./Brennw.-Faktor	0,92	0,94	0,90	0,90
WTW-CO_2 (g/kWh Br.w.)	290	300	215	-
	Rapsöl	**RME**	**Ethanol**	
Standard	DIN V51605	DIN EN14214	DIN EN15376	
Dichte (kg/m3)	920	880	790	
Heizwert (kWh/kg)	10	10,2	7,5	
Brennwert (kWh/kg)	11	11	8,5	
Brennwert (kWh/Liter)	10,1	9,7	6,6	
Heizw./Brennw.-Faktor	0,91	0,94	0,90	
WTW-CO_2 (g/kWh Br.w.)	-	-	-	

Tab. 4.2: Kennzahlen zu heute gängigen Kraftstoffen.

4.3 Stromsektor

Im Zusammenhang mit der elektrischen Mobilität sind für den CO_2-Ausstoß der Fahrzeuge die spezifischen Emissionen der jeweiligen Kraftwerke ausschlaggebend. In Tabelle 4.3-1 wurden aus zwei Quellen die jeweiligen Werte für Deutschland zusammengestellt.

Die Zahlen aus [DPG-2005] beziehen sich auf das Jahr 2003 und enthalten nur die Emissionen des Kraftwerks. Sie sind damit tendenziell zu niedrig und als "Best-Case" zu betrachten.

Kraftwerkstyp	g CO_2/kWh	Quelle
Braunkohle	909 - 1151	GEMI-2004
Braunkohle	1081	DPG-2005
Steinkohle	956 - 1002	GEMI-2004
DE Strommix (fossil)	858	DPG-2005
Heizöl	857	DPG-2005
Steinkohle	812	DPG-2005
DE Strommix	621 - 641	GEMI-2004
EU-15 Strommix	439	GEMI-2004
Erdgas (GuD)	431	GEMI-2004
Erdgas (GuD)	396	DPG-2005
Erdgas (KWK)	224 - 483	GEMI-2004
Solarstrom	89 - 168	GEMI-2004
Wasserkraft (groß)	40	GEMI-2004
Windpark (mittelgroß)	19	GEMI-2004

Tab. 4.3-1: Literaturwerte zu den spezifischen CO_2-Emissionen deutscher Kraftwerke. DPG-Werte sind ohne Vorkette.

GEMIS berücksichtigt auch die Bereitstellung von Brennstoffen. Da in den letzten Jahren vor allem in Deutschland der Anteil an erneuerbarem Strom deutlich angestiegen ist, sind die meisten Angaben für den Strommix tendenziell eher zu hoch. [GEMI-2004] liefert deshalb unsere "Worst-Case"-Abschätzung.

Für die weiteren Berechnungen werden die jeweiligen Richtwerte aus Tabelle 4.3-2 verwendet. Diese Werte sind als grob gerundete "Mittelwerte" der möglichen Bandbreite zu verstehen. Es soll vor allem das Spektrum der möglichen Werte verdeutlicht werden, denn der Strommix unterliegt einer fortwährenden Veränderung.

Letztlich entscheidet der ganz spezifische Kraftwerksmix des jeweiligen Stromversorgers welche Emissionen seine Kunden haben. Die Wahlfreiheit des Stromversorgers hat heute jeder Bundesbürger. Im Gegensatz zur Erdölmobilität kann somit bei der Elektromobilität auch jeder einzelne Autobesitzer eigenverantwortlich entscheiden, welche Emissionen sein Fahrzeug verursachen wird!

Kraftwerkstyp	g CO_2/kWh
Braunkohle	1100
Steinkohle	950
DE Strommix (fossil)	900
DE Strommix	650
Erdgas (GuD)	450
Erdgas (KWK)	250
Erneuerbar + KWK	100
Erneuerbarer Strommix	30
Wind	20

Tab. 4.3-2: Richtwerte für CO_2-Emissionen bei der Stromerzeugung. Angaben sind als "Worst-Case" Abschätzungen gedacht.

4.4 Referenz Emissionskennwerte für PKWs

Es wurde aufgezeigt, dass die Datenlage bei CO_2-Emissionen zumindest vielfältig, wenn nicht undurchschaubar oder gar inkonsistent ist. Für den Zweck dieser Studie ist die vereinfachte Betrachtung einiger Aspekte jedoch ausreichend, da es vor allem um die Abschätzung struktureller Effekte geht.

In den großen Verkehrsszenarien hat man noch mehr Parameter, die wiederum in einer großen Bandbreite schwanken können: Verlagerungen zwischen Verkehrsträgern, Veränderungen der Bewegungsprofile, sich änderndes PKW-Kaufverhalten, Fortschritte in der Antriebstechnologie, etc. pp.. Bei so vielen Stellschrauben läuft man Gefahr vor lauter Theorie die Praxis zu übersehen. Deshalb soll hier vorab ein ganz konkreter Vergleich an einem ganz konkreten Basisfahrzeug gemacht werden: S.V.E. Cleanova II Kangoo gegen Renault Kangoo 1,2 16V.

Beide Minivans basieren auf dem gleichen Chassis und bieten somit eine identische "Dienstleistung". Auf den Kenndaten der vorhergehenden Kapitel sollen hier nun die CO_2-Emissionen bei verschiedenen Arten der Fahrzeugnutzung abgeleitet und verglichen werden. Die bereits des öfteren erwähnten strukturellen Unterschiede zwischen PHEVs und konventionellen Fahrzeugen (CV) sollen hier mit konkreten Zahlen verdeutlicht werden.

4.4.1 Parameter "Streckenmix"

Da beide Fahrzeuge Benzin als flüssigen Kraftstoff nutzen, liegen die Hauptunterschiede im Antriebssystem und in der Tatsache, dass der Cleanova zusätzlich auch noch mit Strom gefahren werden kann.

Im Diagramm 4.4.1-1 ist der jeweilige Energieverbrauch je 100 km in Abhängigkeit vom Streckenmix aufgetragen. Links sind die Verbräuche für reinen Innerortsbetrieb (100% io = 0% ao) und am rechten Ende die für reinen Außerortsbetrieb (100% ao).

Beim Cleanova werden noch verschiedene Anteile der rein elektrischen Fahrleistung unterschieden. Die braune Linie mit "0% EV" veranschaulicht den ausschließlichen Betrieb mit Benzin. Dies würde zum Beispiel für einen Autobesitzer zutreffen, der keine Möglichkeit hat eine Steckdose an seinem Parkplatz zu installieren. Das andere Extrem ist der rein elektrische Betrieb ("100% EV", gelb).

Energieverbrauch in Abhängigkeit vom Streckenmix

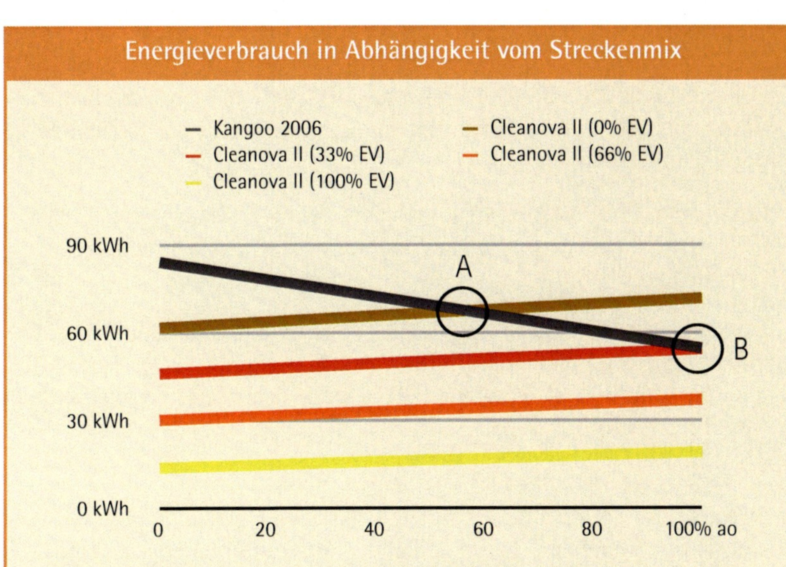

Tab. 4.4.1-1: Der Energieverbrauch in kWh (y-Achse) in Abhängigkeit vom Verhältnis der Wegstrecke außerorts (x-Achse). Beim Cleanova werden zusätzlich unterschiedliche Anteile der elektrischen Mobilität (EV) dargestellt.

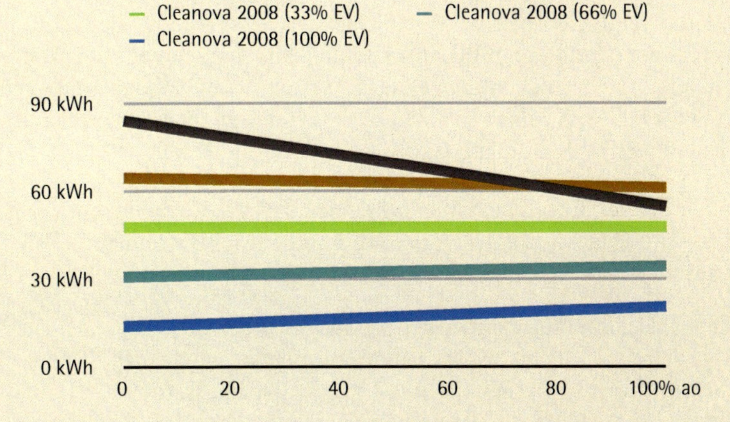

Tab. 4.4.1-2: Analog zur vorherigen Grafik werden hier die Verbrauchswerte des "Cleanova 2008" mit dem Benzin-Kangoo verglichen. Es fällt auf, dass ein seriell-parallel Hybrid vor allem die außerorts Strecken deutlich effizienter macht.

Folgende Erkenntnis kann man aus dem Graphen 4.4.1-1 ableiten:

- Der rein fossil betriebene Cleanova (0% EV) verbraucht bis zu einem Anteil von 60% außerorts Fahrten weniger Energie als der fossile Kangoo (Schnittpunkt A).
- Ein Cleanova mit 33% elektrischer Fahrleistung verbraucht bei 100% außerorts Fahrten genau so viel Energie wie der fossile Kangoo (Schnittpunkt B).
- Der rein elektrische Cleanova (100% EV) ist innerorts um den Faktor 6 und außerorts um den Faktor 3 energieeffizienter als der fossile Kangoo. Im kombinierten Verbrauch (34% io, 66% ao) liegt der Effizienzvorteil bei Faktor 4,4.

4.4.2 Parameter "Strommix"

Die Betrachtung der Energieverbräuche beim Fahren – also "Tank-to-Wheels" (TTW) Angaben – liefert jedoch keine vergleichbaren Aussagen. Die Vorketten bei der Herstellung der Energieträger sind nicht identisch. So lange man sich im rein fossilen Umfeld bewegt, können WTW-CO_2-Emissionen einen Anhaltswert für die Systemeffizienz liefern. Dies stimmt jedoch dann nicht mehr, wenn man solare Quellen mit einbindet, da hier zusätzlich Vergleiche auf Basis der benötigten Flächen notwendig wären.

Diagramm 4.4.2-1 enthält die Werte einer "Well-to-Wheels"-Betrachtung und zeigt den spezifischen CO_2-Ausstoß in Abhängigkeit vom Streckenmix. Beim Cleanova wird neben dem Anteil der elektrischen Fahrleistung auch noch der jeweilige Strommix variiert. Aus diesen Kennlinien kann man nun folgende Erkenntnisse ableiten:

- Auch bei den CO_2-Emissionen schneiden sich die Kennlinien des rein fossilen Cleanova mit denen des Kangoo bei ca. 60% außerorts Fahrstrecke (analog zu Schnittpunkt A)
- Ein schlechterer Kraftwerkspark ist, aus Sicht der CO_2-Frage, bei entsprechend hoher elektrischer Fahrleistung kein zwingender Nachteil (Schnittpunkt C und D). Die rote Linie (100% EV, Fossil 900 g) verläuft praktisch genau so wie die orange Kennlinie (66% EV - Mix 650 g).
- Erst bei 100% Fahrstrecke außerorts würde ein mit dem deutschen Strommix betankter Cleanova mit 66% elektrischem Fahranteil aus CO_2-Sicht keinen signifikanten Vorteil mehr gegenüber dem Benzin

CO_2-Emissionen in Abhängigkeit vom Streckenmix

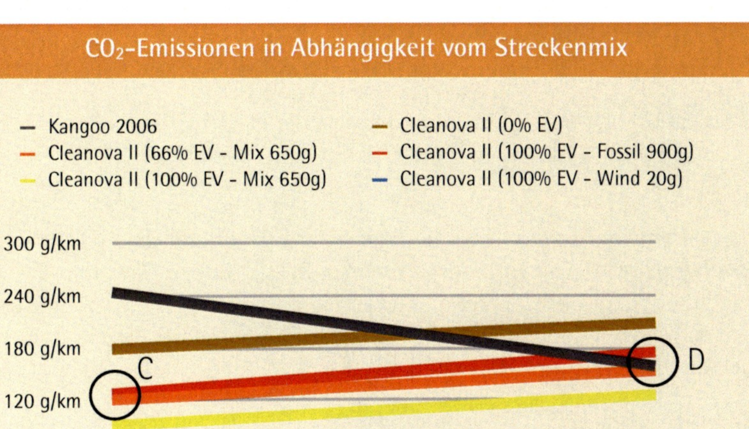

Tab. 4.4.2-1: CO_2-Emissionen in g/km (y-Achse) in Abhängigkeit vom Verhältnis der Wegstrecke außerorts (x-Achse). Es werden unterschiedliche Stromerzeugungsarten und Anteile elektrischer Fahrleistung verglichen.

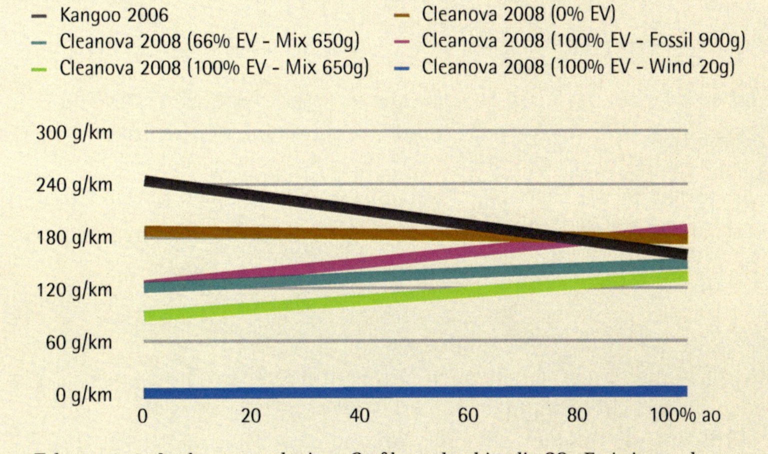

Tab. 4.4.2-2: Analog zur vorherigen Grafik werden hier die CO_2-Emissionen des "Cleanova 2008" mit denen des Benzin-Kangoo verglichen. Nur in den Fällen mit rein fossiler Energiezufuhr wäre der PHEV bei über 80% außerorts Fahrten im Emissionsverhalten schlechter als der heutige Benziner.

Kangoo bieten (Schnittpunkt D). Die CO_2-Reduktion weist damit eine extrem große Bandbreite von 10 bis 130 Gramm je Kilometer auf.

- Beim Einsatz von Windstrom emittiert der elektrisch betriebene Cleanova lediglich 3 bis 4 Gramm CO_2 je Kilometer Wegstrecke (Markierung E).

Diese Aufstellung zeigt, dass der Cleanova in Bezug auf die CO_2-Emissionen bei nahezu allen Nutzungsarten eine Reduktion von Treibhausgasen gegenüber dem Basisfahrzeug bewirken würde. Die spezifischen Emissionen schwanken dabei je nach Energieversorgung in einer extrem großen Bandbreite von 3 bis 210 g CO_2/km.

An dieser Stelle sei auch noch eine Betrachtung des Windstromes angebracht. Unterstellt man, dass Windstrom (20 g CO_2/kWh) im Stromnetz fossile Erzeugungsleistung (900 g CO_2/kWh) unnötig macht, so ergeben sich hier CO_2-Einsparung von 880 g CO_2 je Kilowattstunde Windstrom.

Im Fall des Cleanova hat Abschnitt 4.4.1 gezeigt, dass 1 kWh Strom im EU-Fahrzyklus 3,6 kWh Benzin im Kangoo ersetzt. Damit würde 1 kWh Windstrom rund 1060 g CO_2 aus der Verbrennung und Herstellung von Benzin einsparen. Netto entspricht dies einer Reduktion von 1040 g CO_2 je Kilowattstunde Windstrom – 160 Gramm mehr als im Stromsektor.

Hervorzuheben ist, dass mit heutiger Technik elektrische Mobilität unabhängig von der Art der Stromerzeugung eine CO_2-Reduktion darstellen kann. Ferner kann der Einsatz von Windstrom im Verkehr mehr CO_2 einsparen, als dies bei der Substitution von fossilen Brennstoffen im Stromsektor der Fall ist.

4.4.3 Parameter "Streckenlänge"

Zusätzlich zu den vorhergehenden Betrachtungen ist es notwendig abzuschätzen wie sich die Länge einer Fahrstrecke auf die Emissionen auswirkt. Bei PHEVs wird typischer Weise der Anfang einer Fahrt elektrisch zurückgelegt. Erst wenn die Batterie einen sehr geringen Ladezustand erreicht hat, beginnt der Betrieb des Notstromgenerators und damit das Verbrennen von Kraftstoffen (Benzin).

CO_2-Emissionen in Abhängigkeit von der Streckenlänge

- Kangoo 2006 (33% ao)
- Kangoo 2006 (66% ao)
- Cleanova II (66% ao - Mix 650g)
- Cleanova II (33% ao - Mix 650g)
- Cleanova II (33% ao - Wind 20g)

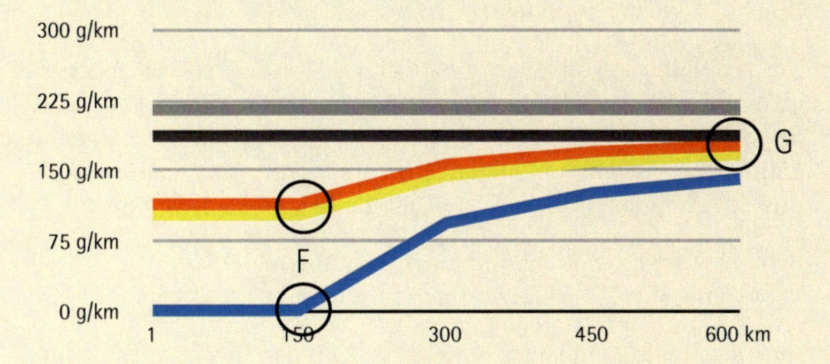

Tab. 4.4.3-1: CO_2-Emissionen in g/km (y-Achse) in Abhängigkeit von der Wegstrecke (x-Achse). Der Cleanova legt hier die ersten 150 km rein elektrisch zurück.

- Kangoo 2006 (33% ao)
- Kangoo 2006 (66% ao)
- Cleanova 2008 (66% ao - Mix 650g)
- Cleanova 2008 (33% ao - Mix 650g)
- Cleanova 2008 (33% ao - Wind 20g)

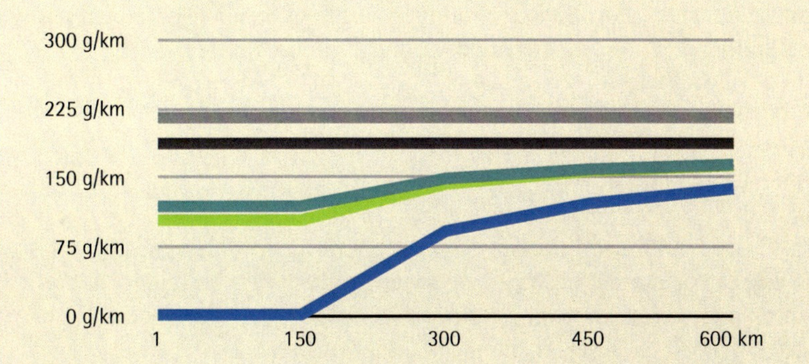

Tab. 4.4.3-2: Analog zur vorherigen Grafik werden hier die CO_2-Emissionen des "Cleanova 2008" mit denen des Benzin-Kangoo verglichen. Selbst nach 600 km liegen in diesem Fall die PHEV-Emissionen deutlich unter denen des Benziners.

Im Fall des Cleanova, der ein PHEV150 ist, erkennt man in Diagramm 4.4.3-1 nach Überschreiten seiner elektrischen Reichweite (ca. 150 km) die damit verbundenen Effekte.

- Nach 150 Kilometern steigen die CO_2-Emissionen rapide an, da nun der Verbrennungsmotor und das dort eingesetzte Benzin beginnt den Durchschnittswert zu dominieren (Markierung **F**).
- Die Verteilung von innerorts zu außerorts Strecken hat keinen signifikanten Einfluss auf die strukturelle Veränderung der Emissionen. Dies zeigen die orange und gelbe Kurve. Bei gleicher Stromversorgung (Mix 650g) haben Cleanova-Fahrzeuge mit 33% außerorts oder 66% außerorts Streckenmix nahezu die gleichen Emissionseigenschaften.
- Beim fossilen Kangoo hat der innerorts/außerorts Anteil eine sichtbare Veränderung des Emissionsniveaus zur Folge.
- Auch nach 600 Kilometern Wegstrecke kann ein Cleanova ein Reduktionspotential gegenüber dem Kangoo vorweisen (Markierung **G**). Dies gilt für den heutigen Strommix und insbesondere für den Einsatz von Windstrom.

Analog zu den erläuterten Grafiken wurden die gleichen Betrachtungen auch für den mit seriell-parallel Hybridantrieb ausgestatteten "Cleanova 2008" durchgeführt und ebenfalls dargestellt. Diese Abbildungen sollten vor allem die strukturellen Unterschiede verschiedener PHEV-Bauarten veranschaulichen. Für die Berechnungen in dieser Studie werden jedoch die ungünstigeren Werte des alten Cleanova II zu Grunde gelegt.

Die zentrale Erkenntnis ist, dass die Nutzung von Strom in der individuellen Mobilität vor allem die kurzen Strecken effizient macht.

In dieser Studie wird unterstellt, dass in der Einführungsphase von PHEVs vor allem die PKWs ersetzt werden, die einen besonders hohen Anteil an kurzen Fahrstrecken innerorts haben. Hier sind die ökonomischen Vorteile der elektrischen Mobilität besonders hoch.

Diese Annahme wird in den nachfolgenden Szenarien durch einen besonders hohen "EV"-Anteil in den Anfangsphasen mit geringer Marktsättigung abgebildet.

4.4.4 Referenz-PKWs

Für weitere Analysen werden die Kenndaten der konventionellen Referenzfahrzeuge mit Verbrennungsmotor festgelegt. Die einzelnen Werte wurden in den vorhergehenden Kapiteln und Abschnitten bereits hergeleitet und werden in Tabelle 4.4.4-1 zusammengefasst.

Im einzelnen gilt es zu beachten:

- Bei mit (*) gekennzeichneten Werten handelt es sich um repräsentative Annahmen bzw. Prämissen.
- Die strikte Zuordnung einer Fahrzeugklasse zu einer Nutzungsart, und damit zu einem Nutzungsprofil, entspricht nicht der Realität, liefert aber dennoch eine hinreichend gute Annäherung.
- Die "Längste Wegstrecke" (**) soll die geforderte Mindestreichweite eines Fahrzeugtyps darstellen. [EJRC-2007] fordert generell 600 km und untersucht deshalb auch keine reinen Elektrofahrzeuge. PHEV-Konzepte werden vom EJRC aber auch nicht beachtet, selbst wenn diese in der Praxis 1000 km Reichweite aufweisen können.
- Die Berechnung der Verbrauchs- und CO_2-Werte (***) wird im Kapitel 4 detailliert beschrieben. Die Verbrauchswerte der Referenzfahrzeuge wurden aus den CO_2-Durchschnittswerten der jeweiligen Wagenklassen (siehe [KBA-2006b] bzw. Tabelle 4.1-2) zurückgerechnet und zur Orientierung als Diesel-Äquivalent ausgewiesen. Folglich handelt es sich beim "Liter"-Verbrauch um "Best-Case" Kennzahlen.
- Für die Umrechnung der "Tank-to-Wheels"-Werte des KBA in "Well-to-Wheels"-Emissionen wurde ein 17%-iger Emissionszuschlag für die Treibstoffherstellung angenommen: (TTW * 1,17 = WTW)
- Die KBA-Emissionsangaben (****) weichen von den Emissionswerten der Referenzfahrzeuge ab, weil jeweils unterschiedliche Nutzungsprofile zugrunde liegen. Bei gleichem Fahrprofil (Verteilung ao/io) wären die Emissionen der Referenzfahrzeuge deckungsgleich mit denen der jeweiligen KBA-Wagenklassen.
- Die Werte in der Spalte "Alle" stellen die gemittelten Durchschnittswerte dar und sind meist aus den anderen Spalten abgeleitet. Sie dienen zur Überprüfung der getätigten Abschätzungen.

Kenngröße	CV-KW	CV-MW	CV-OW	Alle
Bestandsgröße	10,6 Mio.	29,5 Mio.	6 Mio.	46,1 Mio
Marktanteil	23%	64%	13%	100%
Nutzungsart (*)	Zweitwagen	Privat	Geschäftl.	-
Angenommenes Fahrprofil ...				
Jahresfahrleistung	11.000 km	15.000 km	23.000 km	14.000 km
Nutzungstage pro Jahr	220	220	220	220
Fahrstrecke pro Tag	50 km	68 km	105 km	63 km
Anteil Innerorts	60%	34%	20%	34%
Anteil Außerorts	40%	66%	80%	66%
Längste Wegstrecke (**)	100 km	500 km	700 km	-
Verbrauch je 100 km ... (***)				
Innerorts	71 kWh	86 kWh	111 kWh	86 kWh
Außerorts	49 kWh	60 kWh	77 kWh	60 kWh
Kombiniert (aus Fahrprofil)	62 kWh	69 kWh	84 kWh	69 kWh
CO_2-Emission (WTW a. Fahrp.)	186 g/km	207 g/km	251 g/km	207 g/km
(KBA) CO_2-Emission (WTW)	165 g/km	201 g/km	260 g/km	201 g/km
KBA CO_2-Emission (TTW ****)	141 g/km	172 g/km	222 g/km	172 g/km
KBA Diesel-Äquivalent	5,3	6,4	8,3	6,4

Tab. 4.4.4-1: Die Kenndaten der Referenzfahrzeuge dieser Studie wurden aus den Publikationen des KBA und der KiD-Untersuchung abgeleitet. Soweit Daten geschätzt wurden, durfte dies im Durchschnitt über “Alle” keine signifikanten Verschiebungen gegenüber dem Durchschnitts-PKW (CV-MW) hervorrufen.

Kenngröße	EV-KW	PHEV30-MW	PHEV90-MW
Nutzungsart	Zweitwagen	Privat	Privat
Angenommenes Fahrprofil	wie CV-KW	wie CV-MW	wie CV-MW
Anteil elektrische Wegstrecke (EV)	100%	33%	66%
Batteriekapazität (mindestens)	15 kWh	5 kWh	15 kWh
Elektrische Reichweite	100 km	30 km	90 km
Verbrauch je 100 km ...			
Innerorts	12 kWh	15 kWh	15 kWh
Außerorts	18 kWh	20 kWh	20 kWh
Innerorts (Benzin)	-	66 kWh	66 kWh
Außerorts (Benzin)	-	77 kWh	77 kWh
Kombiniert (aus Fahrprofil)	14 kWh	55 kWh	37 kWh
CO_2-Emission (WTW - Fossil 900g)	130 g/km	198 g/km	182 g/km
CO_2-Emission (WTW - Mix 650g)	94 g/km	183 g/km	151 g/km
CO_2-Emission (WTW - KWK 250g)	36 g/km	159 g/km	103 g/km
CO_2-Emission (WTW - Wind 20g)	3 g/km	145 g/km	75 g/km

Tab. 4.4.4-2: Die Kenndaten der Referenzfahrzeuge mit elektrischem Antrieb, so wie sie im weiteren Verlauf dieser Studie angenommen werden.

Analog zu den konventionellen PKWs werden in Tabelle 4.4.4-2 Kenndaten für die Fahrzeuge mit elektrischem Antrieb aufgestellt. Auch hierbei handelt es sich um hypothetische "Durchschnittsfahrzeuge". Hervorzuheben sind folgende Aspekte:

- Für die Oberklassewagen (CV-OW) wurde bewusst keine elektrische Alternative definiert, selbst wenn heute gerade im "Premium"-Segment die Hybridtechnik eingeführt wird. Auch die ersten PHEV-Fahrzeuge in den USA sind vor allem schwere und große Autos der Oberklasse. Die Klasse "CV-OW" symbolisiert in den nachfolgenden Abschätzungen jedoch primär Fahrzeuge, die aus diversen Gründen nicht auf elektrischen Antrieb umgestellt werden können oder sollen.
- Die Verbrauchswerte eines EV-KW würden – mit geringen Abweichungen – auch für die PHEV-PKWs gelten, sofern diese rein elektrisch genutzt würden. Ein "EV-KW" steht deshalb nicht zwingend für einen Kleinwagen, sondern allgemein für ein Fahrzeug mit dem entsprechenden Nutzungsprofil und rein elektrischem Antrieb.
- Die elektrischen Verbrauchswerte beinhalten die Verluste im Ladegerät und in der Batterie. Es handelt sich somit um "Plug-to-Wheels"-Werte.
- Ein PHEV90 ist aufgrund seiner größeren Batterie und damit der höheren elektrischen Fahranteile im kombinierten Verbrauch effizienter als ein PHEV30.
- EVs und PHEVs reduzieren den Kraftstoffbedarf im Verkehr und eröffnen so die Möglichkeit diesen Kraftstoff in der KWK-Stromerzeugung einzusetzen. Diese Art der Stromproduktion wird deshalb auch explizit in der Tabelle aufgeführt und in den nachfolgenden Szenarien für einige der Betrachtungen herangezogen.

Festzuhalten ist, dass bei der konventionellen Mobilität (CV) tendenziell mit optimistischeren "Best-Case"-Werten und bei der elektrischen Mobilität (PH/EV) mit pessimistischen "Worst-Case"-Werten gearbeitet wird. Die Emissionsbetrachtungen beinhalten in beiden Fällen die Energiebereitstellung, aber nicht die Herstellung und das Recycling der Fahrzeuge.

Aus den in Tabelle 4.4.4-1 und -2 vorliegenden Zahlen kann man bereits diese ersten Erkenntnisse ableiten:

- Ein rein elektrischer Kleinwagen (EV-KW, 94 g) emittiert bereits beim heutigen Strommix 45% weniger CO_2 als ein heute üblicher Kleinwagen (CV-KW, 165 g).
- Der durchschnittliche EV-KW emittiert mit dem heutigen Strommix auch weniger CO_2 als die heute sparsamsten Fahrzeuge wie etwa der smart fortwo (107 g WTW) oder der VW Lupo 3L (96 g WTW).
- Ein EV-KW emittiert mit Erdgas-KWK-Strom weniger als 40 g CO_2 pro Kilometer. Dies entspricht einem konventionellen PKW mit weniger als 1,3 Liter Verbrauch.
- Ohne Strombereitstellung (Benzinmodus) bietet ein PHEV-MW nur im Stadteinsatz Vorteile. Bei überdurchschnittlich hohen Fahranteilen außerorts ist der durchschnittliche CV-MW effizienter.
- Mit elektrischer Betankung emittiert ein PHEV-MW selbst bei rein fossilem Strommix (900 g/kWh) nur zwischen 180 und 200 Gramm CO_2. Dies ist identisch oder sogar 10% weniger als bei einem typischen Mittelklassewagen (CV-MW).
- Nutzt man Erdgas-KWK-Strom so würde ein PHEV Mittelklassewagen lediglich 105 und 130 Gramm Kohlendioxid je Kilometer produzieren. Ein CV-WM liegt bei gleicher Nutzung in der Größenordnung von 200 Gramm und damit bis zu zweimal höher.
- Ein und derselbe PHEV-Wagen kann je nach Rahmenbedingungen Emissionswerte von über 210 Gramm (normaler, reiner Benzinbetrieb) bis unter 5 Gramm (elektrisch mit Windstrom) aufweisen. Diese CO_2-Emissionen entsprechen umgerechnet der Bandbreite von über 8 Liter bis unter 0,2 Liter Benzin auf 100 Kilometer!

Auf den nächsten Seiten befindet sich abschließend eine grafische Darstellung, die den Vergleich der CO_2-Emissionswerte von elektrischer und konventioneller Mobilität veranschaulichen soll.

- Entlang der x-Achse sind die Kraftwerksemissionen in Gramm CO_2 pro kWh Strom aufgetragen. Für bestimmte Kraftwerksarten wurden die typischen Bandbreiten markiert.
- Auf der y-Achse befinden sich die PKW-Emissionen. Diese werden in Gramm CO_2 pro Kilometer notiert.
- Die roten Linien markieren ausgewählte elektrische PKW-Verbräuche in Kilowattstunden (kWh) je 100 Kilometer.

Exemplarisch sind entlang der y-Achse ausgewählte Bezugsfahrzeuge mit deren "Well-to-Wheels"-Emissionswerten aufgetragen.

Wählt man nun auf der x-Achse den CO_2-Kennwert eines bestimmten Stromversorgers, so kann je nach Schnittpunkt mit der richtigen roten Verbrauchskennlinie schließlich auf der y-Achse der entsprechende, individuelle CO_2-Ausstoß für das betreffende Elektroauto oder den Plug-in Hybriden abgelesen werden.

Zusammenfassung:

- CO_2-Angaben werden auf unterschiedliche Weise berechnet und sind nicht immer vergleichbar.
- Elektrische Mobilität bewirkt im direkten Vergleich identischer Fahrzeuge keine Erhöhung der CO_2-Emissionen. Dies gilt auch bei der Verwendung des normalen deutschen Strommixes.
- Elektrische Mobilität bewirkt in vielen Konstellationen, vor allem innerorts oder mit Strom aus Wärme-Kraft-Kopplung oder Wind, eine deutliche Reduktion des CO_2-Ausstoßes.
- Windstrom kann in der Mobilität mehr CO_2 einsparen als im Stromnetz.
- PHEVs haben aufgrund der Vielzahl von Treibstoffquellen und Antriebsmodi nicht einen, sondern eine breite Palette von "Emissionskennwerten".
- PHEVs mit 1,5 Tonnen Gewicht könnten bereits heute CO_2-Grenzwerte von unter 40 Gramm CO_2 pro Kilometer erreichen. Dies entspricht den Emissionen von 1,3 Liter Diesel auf 100 Kilometer.

Abb. 4.4.4-1: CO2-Emissionen (WTW) von PKWs im Vergleich zu einer PHEV-Konstellation.

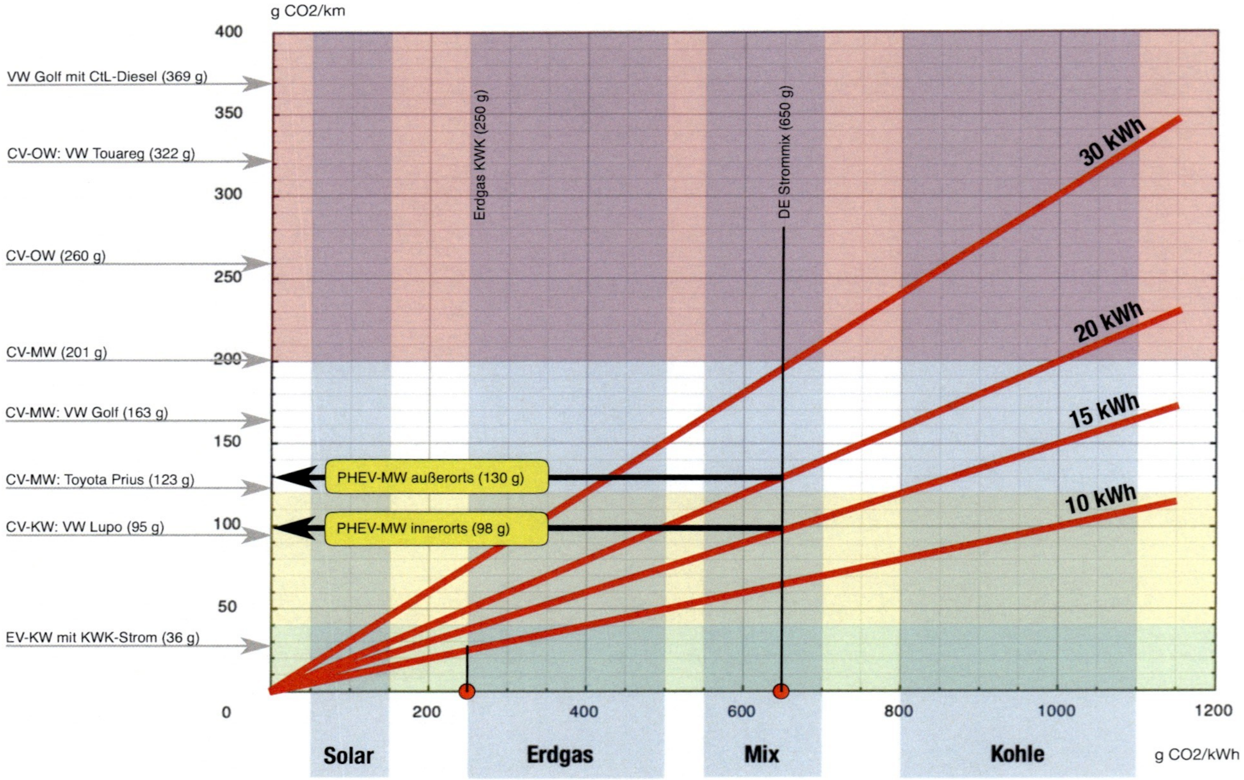

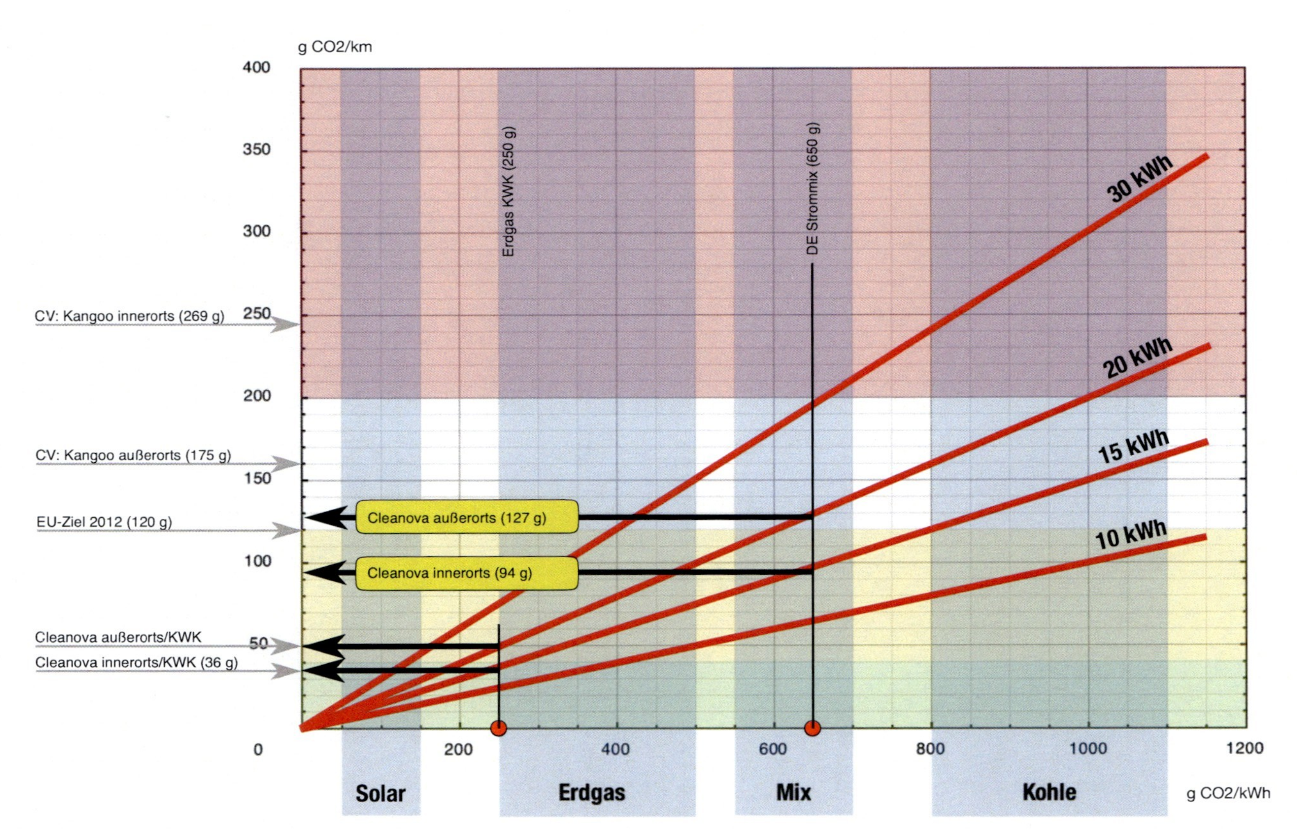

Abb. 4.4.4-2: Direkter Vergleich des elektrischen Cleanova mit dem Basisfahrzeug, dem Benzin-Kangoo. Innerorts wäre die Nutzung des Kraftstoffes in einem BHKW (KWK-Strom) und die elektrische Mobilität um den Faktor 7 effizienter.

5 Szenario zur CO_2-Reduktion durch elektrische Mobilität

Die Zukunft kann man bekanntlich nicht vorhersagen. Das Einzige, was man versuchen kann, ist mit "Was wäre wenn"-Überlegungen ein Gefühl für die Auswirkung einer bestimmten Entscheidung oder Entwicklung zu bekommen. Diese Planspiele nennt man Szenarien. Wenn es darin um die zukünftige Entwicklung der Individualmobilität geht, werden meist folgende Parameter variiert:

- PKW-Bestand
- Fahrleistung
- Kraftstoffverbrauch

Einfluss hierauf haben wiederum die Bevölkerungsentwicklung, die Veränderung unserer Siedlungsstrukturen, die technische Entwicklung im Bereich der Fahrzeuge, die Energiepreise oder ganz generell die wirtschaftliche Situation sowie die gesellschaftliche Grundhaltung zum Thema "PKW". Sind große, schnelle Autos "chic" oder eher die kleinen, sparsamen. Wie bereits im ersten Kapitel angemerkt wurde, kommen zu diesen gesellschaftlichen Ereignissen auch noch externe Einflüsse hinzu, wie der geologisch bedingte Rückgang der Erdölproduktion ("Peak Oil") oder die Auswirkungen der Klimaveränderung.

Letztlich beeinflussen sich alle Faktoren gegenseitig.

5.1 Abschätzung der Marktentwicklung

Zwei bestehende Szenarien wurden ausgewählt, um Vergleichswerte zu den eigenen Abschätzungen zu bieten. Die wichtigsten Kenndaten sind für [IFEU-2006] in Tabelle 5.1-1 und für [WUP-2006] in Tabelle 5.1-2 aufgeführt.

In beiden Studien geht man davon aus, dass es tendenziell keinen bedeutenden Zuwachs im Bestand geben wird, sondern nur noch Verschiebungen [10]. Ebenfalls gemeinsam ist den dortigen Szenarien, dass in Zukunft (deutlich) mehr Diesel-PKWs verkauft werden sollen als Benzin-Fahrzeuge.

---

[10] Die Verschiebung hin zu Diesel-PKWs erscheint in [WUP-2006] für die Zeit bis 2010 sehr hoch.

Szenario [IFEU-2006]	2000	2010	2020	2030
(*) PKW-Bestand (Mio)	43	(47)	(47)	(47)
Dieselanteil im Bestand	15%	31%	41%	43%
Fahrleistung - Gesamt (Mrd. Fkm)	560	609	661	671
(*) Fahrleistung - ca. Schnitt (km)	13.100	13.000	14.000	14.300
(*) Verbrauch je PKW (kWh/100 km)	74	62	50	43
Energieverbrauch - Gesamt (TWh)	416	380	335	295
CO2 der Neuzulassungen (g/km)	182	140	115	99

Tab. 5.1.1: Kenndaten aus [IFEU-2006]. Angaben mit einem (*) sind in der Zusammenfassung des IFEU-Berichtes nicht enthalten und wurden berechnet. Werte in Klammern sind eigene Schätzungen.

Szenario [WUP-2006]	2000	2010	2020	2030
PKW-Bestand (Mio)	43	47	48	47
Dieselanteil im Bestand	14%	43%	46%	47%
Fahrleistung - Gesamt (Mrd. km)	560	611	591	577
(*) Fahrleistung - Schnitt (km)	13.100	13.000	12.300	12.200
(*) Verbrauch je PKW (kWh/100 km)	76	65	55	54
Energieverbrauch - Gesamt (TWh)	428	397	329	312
CO2 des Bestandes (g/km)	196	164	135	126

Tab. 5.1.2: Kenndaten aus [WUP-2006]. Hierbei wurde auf Zahlen von EWI/Prognos zurückgegriffen. Angaben mit einem (*) sind in der Zusammenfassung des Wuppertal Berichtes nicht enthalten und wurden deshalb berechnet oder aus enthaltenen Grafiken rekonstruiert.

Bis zum Jahr 2020 unterstellen beide Studien eine ähnlich große Reduktion des Treibstoffverbrauches im PKW-Sektor. Für das Jahr 2030 wählt [WUP-2006] eine Reduktion der Fahrleistung, wohingegen [IFEU-2006] noch einmal den Treibstoffverbrauch auf 43 kWh je einhundert Kilometer drückt. Der Durchschnittsverbrauch für Neuwagen läge damit bei rund 4 Liter Treibstoff je 100 Kilometer.

Wie wahrscheinlich ist es aber, dass die Hersteller entsprechende Fahrzeuge anbieten werden? Warum sollten die Kunden diese Fahrzeuge in der beschrieben Art und Menge kaufen? Was wäre, wenn die Bundesregierung die Subventionierung von Dieseltreibstoff einstellen müsste?

Obwohl die Daten in sich schlüssig sind, weichen sie doch teilweise erheblich von einander ab (z.B. der konträre Trend bei der Fahrleistung). Es gibt auch keine Garantie für das Erreichen der jeweiligen Ziele vor dem entsprechenden Zeithorizont. Es gibt maximal eine bestimmte Wahrscheinlichkeit und auch die wird, zumindest für das Jahr 2030, nicht besonders hoch sein.

Ein PHEV ist eine ganz konkrete technische Lösung zur Reduktion der CO_2-Emissionen. Wie in Kapitel 4.4 gezeigt wurde, müssen hierzu keine Verhaltensänderungen unterstellt werden. Somit stellt sich primär die Frage, wie schnell man unter günstigen Marktbedingungen und mit dem notwendigen politischen Willen PHEVs in den Markt einführen kann.

Für die Einführung neuer Technologien (Beispiele: Hybridfahrzeuge weltweit, Windkraftanlagen in Deutschland) kann man das jährliche Wachstum der Produktionskapazitäten anfänglich zwischen Faktor 2 und Faktor 1,5 ansetzen. Die Grafiken 5.1-2 und -3 skizzieren eine hypothetische Marktentwicklung von PHEVs. Sobald man sich einer Marktsättigung nähert, endet das Wachstum und man hat mit Faktor 1 nur noch Ersatzbeschaffungen.

Grafik 5.1-1 zeigt, dass unter günstigen Marktbedingungen der gesamte PKW-Bestand nach 25 Jahren nahezu komplett von einer neuen Technologie (z.B. PHEVs) durchdrungen sein könnte. Wenn PKWs nach 13 Jahren erneuert werden, kommen so pro Jahr maximal 3,5 Millionen neue Fahrzeuge in den deutschen Markt. Die PHEV-Flotte würde nach 8 Jahren auf etwa eine Million, nach 12 Jahren auf 5 Millionen und nach 15 Jahren auf etwa 10 Millionen Fahrzeuge anwachsen. Es ist also im Prinzip möglich eine Million PHEVs bis 2020 in den Markt zu bringen.

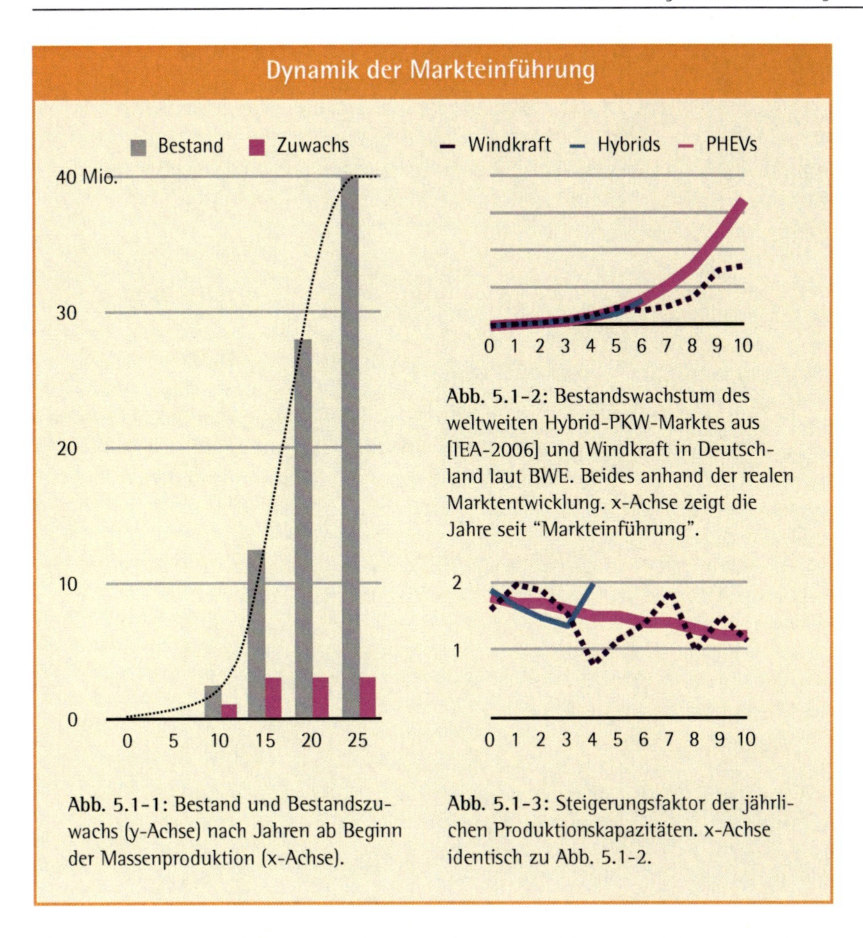

Abb. 5.1-1: Bestand und Bestandszuwachs (y-Achse) nach Jahren ab Beginn der Massenproduktion (x-Achse).

Abb. 5.1-2: Bestandswachstum des weltweiten Hybrid-PKW-Marktes aus [IEA-2006] und Windkraft in Deutschland laut BWE. Beides anhand der realen Marktentwicklung. x-Achse zeigt die Jahre seit "Markteinführung".

Abb. 5.1-3: Steigerungsfaktor der jährlichen Produktionskapazitäten. x-Achse identisch zu Abb. 5.1-2.

In dieser Studie stehen, aufgrund der vielen Unwägbarkeiten, weder die zeitlichen Vorhersagen noch mögliche Verhaltensänderungen im Vordergrund. Es sollen strukturelle Effekte herausgearbeitet werden, die mit einer Umstellung auf elektrische Antriebe einhergehen.

Um im Bestand eine bedeutsame Veränderung herbeizuführen braucht der Markt, bei günstigen politischen Rahmenbedingungen, mindestens 15 Jahre. Um die Auswirkungen von "Peak-Oil" abzumildern, sollte deshalb mit der Einführung von PHEVs so schnell wie möglich begonnen werden (siehe auch [DOE-2005]).

5.2 Abschätzung der Marktanteile

Da die tatsächliche Entwicklung der Bestandszahlen von sehr vielen Faktoren abhängt, erscheint es interessanter eine strukturelle Betrachtung anzustellen. Egal wie schnell sich der Markt verändert, bei einem ganz bestimmten Marktanteil von PHEVs hat man immer einen ganz bestimmten Effekt in der gesamten PKW-Flotte.

Folgende grundsätzliche und vereinfachte Annahmen wurden dabei getroffen:

- Reine Elektroautos (EV) und PHEV-Fahrzeuge werden zur gleichen Zeit auf dem Markt eingeführt und die Anteile an den jeweiligen Sektoren wachsen gleichmäßig. Im Prinzip könnte ein EV auch ein PHEV sein, der jedoch zu 100% elektrisch und ausschließlich im Kurzstreckenbereich fährt.

- EVs ersetzen nur die Kleinwagen (CV-KW), die in ihrer Summe etwa dem Bestand von ca. 10 Millionen Zweitwagen entsprechen. EV-KW Autos werden nur für Kurzstrecken eingesetzt.

- PHEV30 und PHEV90 Fahrzeuge ersetzen die Mittelklasse (CV-MW). Mit knapp 30 Millionen Fahrzeugen ist dies das größte und wichtigste Segment im Markt.

- Aufgrund der größeren elektrischen Reichweite werden doppelt so viele PHEV90 eingeführt wie PHEV30.

- Oberklassewagen (CV-OW) stehen stellvertretend für einen Anteil der konventionellen Flotte (etwa 6 Mio. PKWs), der vorerst nicht ersetzt werden soll oder kann. Da in der Realität Hybrid-Technik vorrangig im Segment der Oberklassewagen zum Einsatz kommt, handelt es sich bei den CV-OW-Anteilen nicht zwangsläufig um konkrete Oberklassewagen. Würde man auch in diesem Marktanteil PHEV-Technik prognostizieren, so würde die resultierende CO_2-Reduktion noch höher ausfallen.

- Die Kenndaten der Fahrzeuge stammen aus den Tabellen 4.4.4-1 und -2. und werden hier primär für die Berechnung der notwendigen Batteriekapazitäten benötigt.

Welche Marktanteile bei einer bestimmten Flottengröße von (PH)EVs in den einzelnen Segmenten angenommen werden, ist im Anhang dieser Studie beziffert und in der Abbildung 5.2 veranschaulicht. Die Tabelle im Anhang verdeutlicht auch die Effekte auf dem Batteriemarkt. Zwei Aspekte sollen in diesem Zusammenhang hervorgehoben werden:

- Eine Million Fahrzeuge der Klasse PHEV und EV würde eine Steigerung der weltweiten Lithium-Batterieproduktion um den Faktor 3 bis 4 bedeuten (siehe Anhang 7.1). Es wären dann in diesen PKWs Stromspeicher mit rund 13,5 GWh installiert [11]. Dieses Wachstum sollte die Preise der Grundstoffe deutlich senken und damit Lithium-Batterien spürbar billiger werden lassen.
- Basierend auf Kapitel 5.1 kann jeder Marktsituation ein fiktives Zieljahr zugeordnet werden. Würde man 2010 mit einer aktiven Markteinführung beginnen, so könnte man im Zieljahr eine entsprechende Flottengröße erreichen. Dies verdeutlicht vor allen die extrem langen Vorlaufzeiten, die zu einer signifikanten Marktdurchdringung notwendig sind.

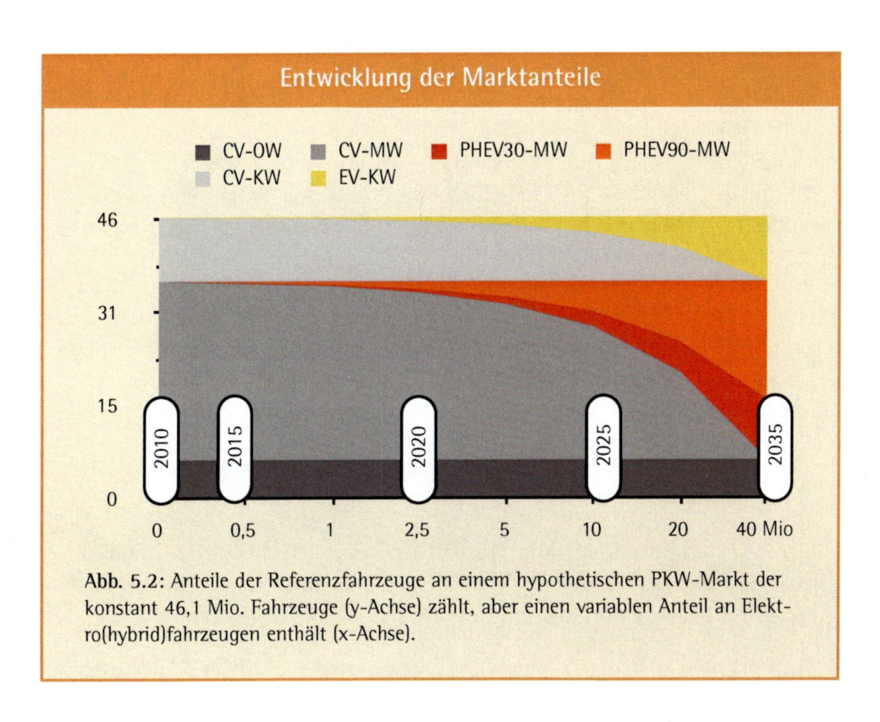

Abb. 5.2: Anteile der Referenzfahrzeuge an einem hypothetischen PKW-Markt der konstant 46,1 Mio. Fahrzeuge (y-Achse) zählt, aber einen variablen Anteil an Elektro(hybrid)fahrzeugen enthält (x-Achse).

[11] Goldisthal, das modernste und größte Pumpspeicherkraftwerk Deutschlands, hat eine Stromspeicherkapazität von 8,5 GWh. Der (PH)EV-Markt bietet eine vergleichbare Batteriespeicherkapazität für Regelenergiedienstleistungen bereits bei weniger als einer Million Fahrzeuge.

5.3 Abschätzung der Energieeffizienz

Für die Abschätzung der Energieverbrauchswerte werden folgende Annahmen getroffen:

- Es gelten die Marktanteile aus Abschnitt 5.2.
- Es gelten die Fahrzeugeigenschaften aus Kapitel 4.4.
- Keine Veränderungen im Segment der Oberklasse (CV-OW).
- Keine Veränderungen bei den Treibstoffen.
- Keine Veränderungen bei der Fahrzeugtechnik.

In Abhängigkeit vom jeweiligen Marktanteil der Plug-in Hybrids ergeben sich die in Abbildung 5.3 dargestellten Veränderungen bei den Energieverbräuchen im Fahrzeugsektor. Die der Grafik zu Grunde liegende Wertetabelle befindet sich im Anhang.

Der mit (PH)EVs einhergehende primäre, strukturelle Effekt fällt dabei sofort auf. Die Reduktion im Treibstoffbereich wird nur durch eine Steigerung des Stromverbrauches möglich. Folgende Eckdaten sind in diesem Zusammenhang hervorzuheben:

- Eine Million (PH)EVs würden in Deutschland den Stromverbrauch – von heute rund 600 TWh – um weniger als 2 TWh erhöhen. Der öffentliche Nah- und Fernverkehr verbraucht derzeit etwas über 1,5 TWh Strom pro Jahr.
- Die vollständige Umstellung auf (PH)EVs würde den bundesdeutschen Stromverbrauch um 61 TWh erhöhen.
- Die vollständige Umstellung auf (PH)EVs würde den Kraftstoffbedarf von derzeit 39 auf rund 21 Millionen Tonnen fast halbieren. Die Einsparung bei den Kraftstoffen beträgt somit etwa 230 TWh.
- Im Segment der Klein- und Mittelklassewagen würde der Kraftstoffbedarf um ca. 60% sinken.

Für eine Beurteilung des neu geschaffenen Stromverbrauches sei an dieser Stelle angemerkt, dass im Jahr 2006 die in Deutschland installierten Windkraftanlagen bereits 30,6 TWh Strom produziert haben [BWE-2007]. Diese Strommenge würde ausreichen um 20 Millionen (PH)EVs zu "betanken".

Würde man umgekehrt die eingesparten 230 TWh Treibstoff zur Stromerzeugung nutzen, so würde ein Kraftwerkswirkungsgrad von etwa 26% ausreichen, um den zusätzlichen Strombedarf von 61 TWh zu decken. Moderne fossile Kraftwerke haben Wirkungsgrade von 40 bis 50% und Blockheizkraftwerke erreichen bei Anrechnung der genutzten Abwärme im Jahresdurchschnitt ebenfalls einen deutlich höheren Wirkungsgrad.

Für die höhere Systemeffizienz der Elektromobilität spricht weiterhin, dass die Umwandlung von festem Kohlenstoff (Biomasse oder Kohle) in flüssigen Kohlenstoff (Treibstoffe) meist mit beträchtlichen Energieverbräuchen verbunden ist. Der Pfad der Verstromung bietet vor diesem Hintergrund zusätzliche, bedeutsame Effizienzvorteile. Eine detaillierte Untersuchung dieser Aspekte erfolgt an dieser Stelle jedoch nicht.

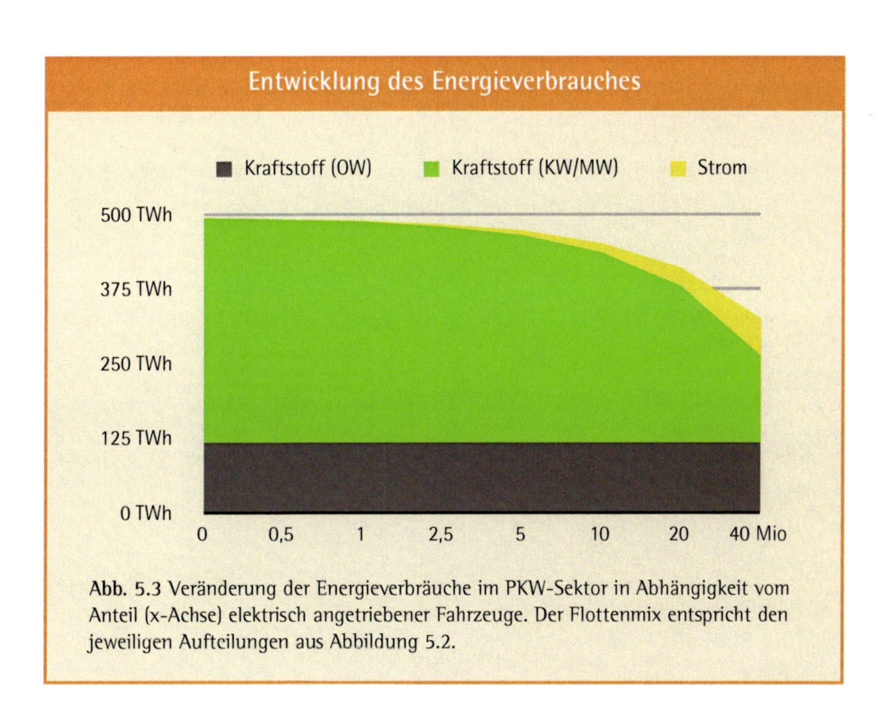

Abb. 5.3 Veränderung der Energieverbräuche im PKW-Sektor in Abhängigkeit vom Anteil (x-Achse) elektrisch angetriebener Fahrzeuge. Der Flottenmix entspricht den jeweiligen Aufteilungen aus Abbildung 5.2.

5.4 Abschätzung der CO_2-Reduktion

Es bleibt abschließend die Frage, ob in der Summe tatsächlich eine CO_2-Reduktion erfolgt. Denn nach erfolgter Umstellung auf PHEV-Fahrzeuge ist im Energiemix des Verkehrssektors ein deutlich höherer Stromanteil wiederzufinden als dies heute der Fall ist. Die Abschätzung der Veränderung bei den Treibhausgasen erfolgt unter folgenden Rahmenbedingungen:

- Es gelten die Marktanteile gemäß Abschnitt 5.2 und die Energieverbräuche gemäß Abschnitt 5.3.
- Sämtliche CO_2-Einsparungen basieren auf der zusätzlichen Nutzung von Strom.
- Es gibt keine Veränderungen bei den Treibhausgasemissionen der einzelnen Energieträger. Diese Prämisse lässt ...
  a. ... die Verbrennungsfahrzeuge besser abschneiden als es in der Realität der Fall sein wird, da die Treibstoffproduktion immer aufwändiger wird (siehe Abschnitt 4.2).
  b. ... die elektrische Mobilität schlechter abschneiden, da der Anteil erneuerbarer Stromproduktion weiterhin deutlich steigen wird und somit die Emissionen im Stromsektor tendenziell sinken werden.
- Die Emissionen beinhalten die jeweiligen Vorketten in der Energieproduktion ("Well-to-Wheel", siehe Abschnitt 4.1).

Das erste Szenario in Abbildung 5.4-1 zeigt die zu erwartenden Effekte bei der Verwendung des heute üblichen Strommixes (650 g CO_2/kWh).

- Eine Million (PH)EVs würden 0,7 Millionen Tonnen CO_2 einsparen.
- Die CO_2-Reduktion der skizzierten (PH)EV-Strategie beträgt 29 Millionen Tonnen.

Festzustellen ist, dass elektrische Mobilität auch mit dem heutigen, deutschen Strommix eine CO_2-Reduktion bewirken würde.

Sofern durch staatliche Lenkungsmaßnahmen und technische Vorkehrungen die elektrische Mobilität vollkommen mit Strom aus erneuerbaren Quellen betankt wird, würden sich die CO_2-Emissionen nochmal deutlich reduzieren. Abbildung 5.4-2 veranschaulicht die Effekte. Hervorzuheben wären nachfolgende Punkte:

- Außerhalb des Oberklasse-Segmentes gehen die Emissionen um 60% zurück.
- Sämtliche Emissionen entfallen faktisch auf die Nutzung von fossilem Treibstoff für Langstreckenfahrten. Dies wird dadurch sichtbar, dass die Emissionen im Kleinwagenbereich durch die Umstellung auf EV-KWs komplett verschwinden, da diese nur Kurzstrecken fahren und das zu 100% rein elektrisch.
- Eine Million (PH)EVs würden 1,7 Millionen Tonnen CO_2 einsparen.
- Die CO_2-Reduktion der dargestellten (PH)EV-Strategie würde 67 Millionen Tonnen Treibhausgase betragen.

Wie in Abschnitt 4.4.2 gezeigt wurde, ist die Nutzung von erneuerbarem Strom im Verkehrssektor bereits deshalb sinnvoll, da auf diese Weise mehr CO_2 eingespart werden kann als dies im Stromsektor der Fall ist.

Durch einfache technische Maßnahmen könnten elektrische Fahrzeuge zusätzlich dazu gebracht werden, genau dann Strom zu tanken, wenn es keine anderen Verbraucher für überschüssige Leistungsangebote im jeweiligen (Niederspannungs-)Stromnetz gibt. In diesen Fällen verhindern Elektroautos die Abschaltung von Windkraft- oder Solarstromanlagen: Tankmanagement ersetzt Erzeugungsmanagement.

Als staatliche Lenkungsmaßnahme bietet sich die CO_2-KFZ-Steuer an. Würde man (PH)EVs nach dem CO_2-Ausstoß des jeweiligen Stromversorgers und nicht pauschal nach dem des bundesweiten Strommixes besteuern, so würden viele Autobesitzer aus ökonomischen Gründen zu einem grünen Stromanbieter wechseln. Neben der erzielten CO_2-Reduktion würde dies in der Bevölkerung auch mehr Ökostrombewußtsein bewirken.

Festzustellen ist, dass die Nutzung von erneuerbarem Strom bereits heute eine sinnvolle Strategie für elektrische Mobilität ist.

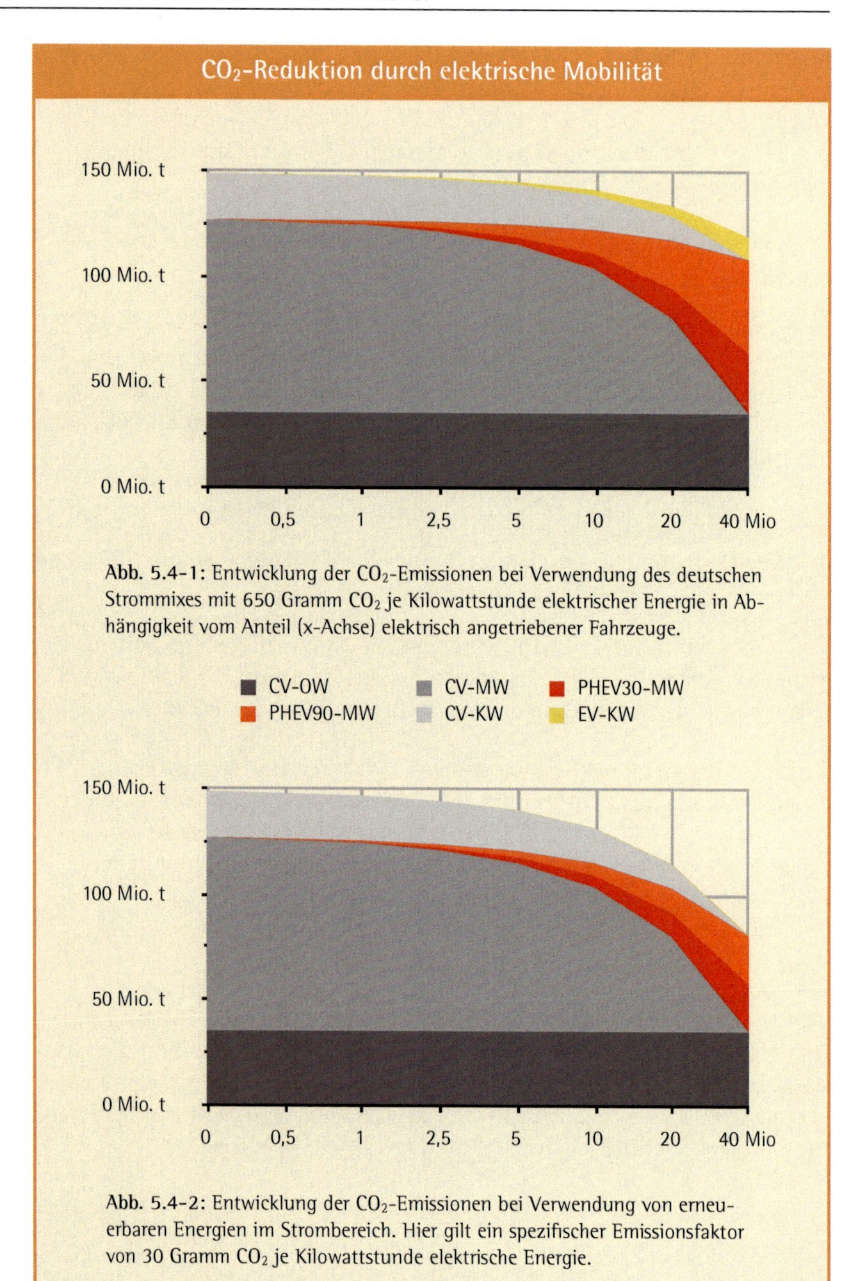

Abb. 5.4-1: Entwicklung der CO_2-Emissionen bei Verwendung des deutschen Strommixes mit 650 Gramm CO_2 je Kilowattstunde elektrischer Energie in Abhängigkeit vom Anteil (x-Achse) elektrisch angetriebener Fahrzeuge.

Abb. 5.4-2: Entwicklung der CO_2-Emissionen bei Verwendung von erneuerbaren Energien im Strombereich. Hier gilt ein spezifischer Emissionsfaktor von 30 Gramm CO_2 je Kilowattstunde elektrische Energie.

Zusammenfassung:

- Die Markteinführung von einer Million Elektroautos und Plug-in Hybridautos braucht mindestens 8 bis 10 Jahre.
- Elektrische Mobilität hat in der Markteinführungsphase keine signifikante Auswirkung auf den Stromverbrauch.
- 40 Millionen Fahrzeuge (PHEV + EV) würden den bundesdeutschen Strombedarf nur um 10% ansteigen lassen. Dies entspricht rund 60 TWh Strom.
- Der Kraftstoffbedarf im PKW-Sektor könnte durch (PH)EVs auf 20 Millionen Tonnen Erdöl halbiert werden.
- Bei der Nutzung von erneuerbarem Strom könnten 67 Millionen Tonnen CO_2 eingespart werden.
- Bei der Nutzung des heutigen Strommixes könnten immer noch 29 Millionen Tonnen CO_2 eingespart werden.

6 Zusammenfassung

Für die Schlussfolgerungen dieser Arbeit sind folgende Prämissen von zentraler Bedeutung:

- Lithium-Batterien können die von den Herstellern zugesagten Eigenschaften im Bereich Sicherheit, Leistungsfähigkeit und Lebensdauer erfüllen.
- Das Recycling dieser Batterien birgt keine unerwarteten Risiken und ist mit vergleichsweise geringem energetischen Aufwand und hoher Recyclingquote durchführbar.
- Die von der IEA publizierten Messwerte für die Energieverbräuche des S.V.E. Cleanova entsprechen den Tatsachen und werden mit dem Serienfahrzeug nicht schlechter.

Unter diesen Voraussetzungen können folgende Erkenntnisse abgeleitet werden:

- Plug-in Hybridfahrzeuge (PHEVs) sind technisch realisierbar und für die Einführung in den Massenmarkt bereit.
- PHEVs wären selbst mit dem heutigen fossilen Kraftwerkspark eine CO_2-Minderungsstrategie.
- Elektrische Mobilität würde 18 Millionen Tonnen Treibstoffe einsparen und diese somit für andere Energiesektoren freisetzen, wo sie effizienter genutzt werden könnten.
- Erneuerbare Energien (z.B. Windstrom) könnten durch PHEVs im Verkehrssektor mehr CO_2 einsparen als dies im Stromsektor der Fall ist.
- Eine Million PHEVs könnten unter günstigen Bedingungen bis 2020 eingeführt werden, ohne einen signifikanten Einfluss auf den Stromverbrauch zu haben.
- Mit einer PH(EV) Strategie könnten die Treibhausgasemissionen um 29 bis 67 Millionen Tonnen reduziert werden.

Die aufgezeigten CO_2-Reduktionspotentiale wurden unter sehr konservativen Annahmen erzielt. In der Praxis sollten noch deutlich höhere Einsparungen eintreten.

Zur Umsetzung der in dieser Studie erläuterten Klimaschutzmaßnahme braucht es Innovationsbereitschaft in der Industrie und politischen Willen.

Plug-in Hybrids, die “Steckdosen-Hybride”, sind nicht nur eine Migrationsstrategie hin zur elektrischen Mobilität. Sie sind eine Effizienztechnologie für das fossile Energiesystem und schlagen zugleich eine Brücke in das von elektrischer Energie dominierte Solarzeitalter. Für ein Stromnetz, das von einem hohen Anteil an dezentral erzeugter, zeitlich flukturierender elektrischer Energie aus erneuerbaren Quellen geprägt ist, sind hohe Marktanteile elektrischer Fahrzeuge wichtig. Die in diesem Zuge entstehenden Batteriekapazitäten können maßgeblich zur Regelung der Stromnetze beitragen und führen so zu einer aus ökonomischen Gesichtspunkten optimalen Nutzung erneuerbarer Energien. Frei nach dem Motto: “Getankt wird, wenn der Wind bläst und der Strom billig ist.”

Wer Klimaschutz ernst nimmt und sowohl Versorgungssicherheit als auch “Peak Oil” als reale Herausforderungen unserer Zeit annimmt, der kommt an der elektrischen Mobilität nicht vorbei. Deshalb gehören Elektroautos und Plug-in Hybride in jede zukunftsfähige Verkehrsstrategie.

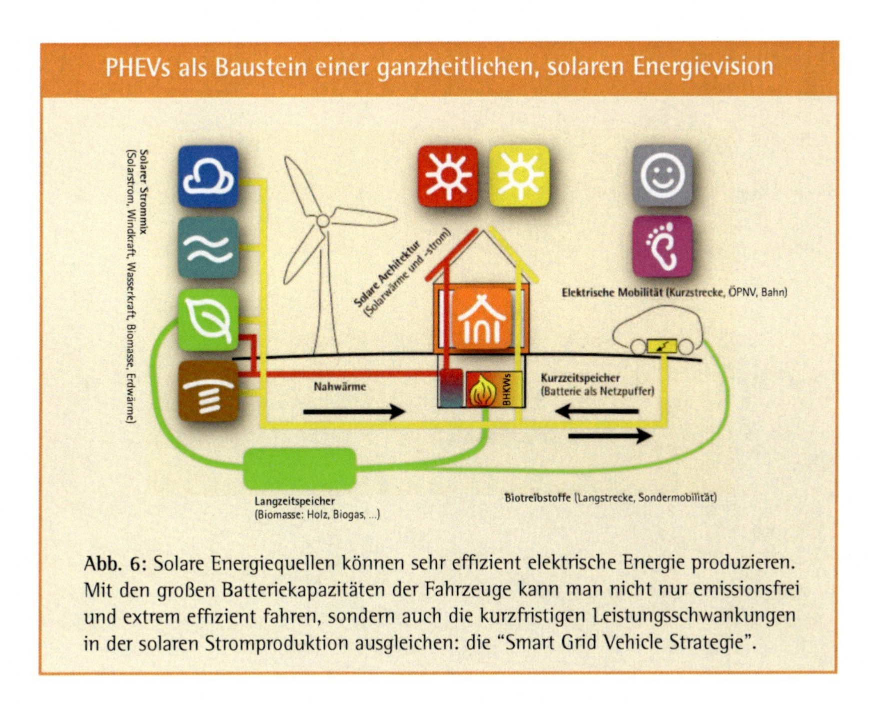

Abb. 6: Solare Energiequellen können sehr effizient elektrische Energie produzieren. Mit den großen Batteriekapazitäten der Fahrzeuge kann man nicht nur emissionsfrei und extrem effizient fahren, sondern auch die kurzfristigen Leistungsschwankungen in der solaren Stromproduktion ausgleichen: die “Smart Grid Vehicle Strategie”.

7 Anhang

7.1 Tabelle - Marktanteile und Energieverbräuche

Die Aussagen der Kapitel 5.2 und 5.3 beruhen auf den Zahlen der nachfolgenden Tabelle.

Marktanteil	0	0,5	1	2,5	5	10	20	40
EV-KW	0	0,1	0,2	0,6	1,2	2,5	5	10,5
PHEV30-MW	0	0,1	0,2	0,6	1,2	2,5	5	10
PHEV90-MW	0	0,3	0,6	1,2	2,6	5	10	19,5
(PH)EVs (in Mio.)	0	0,5	1	2,5	5	10	20	40
Marktanteil	0%	0,9%	2,4%	4,3%	10,8%	21,7%	43,4%	87%
Zieljahr	2010	2016	2018	2020	2022	2024	2028	2034
Bat.Kap. (GWh)	0	5	13,5	25	63	125	250	500
Lith.Prod.Wachs.	1	1,7	3,6	7,2	16	34	70	140
Strom (TWh)	0	0,6	1,6	3,8	7,7	15	30	61
KW+MW (TWh)	378	375	372	363	349	320	263	147
OW (TWh)	115	115	115	115	115	115	115	115
Kraftst. Gesamt (TWh)	493	490	487	478	464	435	378	262
Kraftst. Gesamt (Mio. t)	39,1	38,9	38,6	37,9	36,8	34,5	29,9	20,8
Entwickl. Verbr. KW+MW (%)	100%	99%	98%	96%	92%	85%	70%	39%

Tab. 7.1: Kenndaten der Abbildungen 5.2 und 5.3 mit genauen Angaben zu den jeweiligen Marktanteilen der elektrischen Fahrzeuge (PHEV und EVs). Im zweiten Block wird der Batteriemarkt und im dritten der Energieverbrauch betrachtet.

7.2 Tabelle - Entwicklung der CO_2-Emissionen

Diese Daten sind die Grundlage der Emissionsszenarien aus Kapitel 5.4. Es werden nur die Werte der Fahrzeugklassen "Kleinwagen" und "Mittelklassewagen" aufgeführt. Die Emissionen der Oberklasse betragen immer konstant 35 Mio. Tonnen CO_2.

(PH)EVs (in Mio.)	0	0,5	1	2,5	5	10	20	40
Marktanteil	0%	0,9%	2,4%	4,3%	10,8%	21,7%	43,4%	87%
Szenario "Strommix DE"								
Emission ges. (Mio. t CO_2)	148	147	147	146	144	140	133	118
Emission b. KW (Mio. t CO_2)	22	22	22	21	21	19	17	11
Emission b. MW (Mio. t CO_2)	91	91	90	90	89	87	82	73
Reduktion (Mio. t CO_2)	0	0,4	0,7	1,8	3,7	7,3	14,6	29,4
Szenario "Erneuerbare E."								
Emission ges. (Mio. t CO_2)	148	147	146	144	139	131	114	80
Emission b. KW (Mio. t CO_2)	22	22	21	21	19	16	11	0,5
Emission b. MW (Mio. t CO_2)	91	91	90	88	85	80	67	45
Reduktion (Mio. t CO_2)	0	0,9	1,7	4,2	8,4	16,8	33,6	67,4

Tab. 7.2: Kenndaten der Abbildung 5.4-1 und im unteren Teil der aus Abbildung 5.4-2 mit genauen Angaben zu den jeweiligen Treibhausgasemissionen der Fahrzeugklassen (KW und MW). Die Werte sind gerundet und die Summen somit nicht absolut deckungsgleich. Die Angaben zur Reduktion ergeben sich aus den ungerundeten Daten.

7.3 Flächeneffizienz - "Land-to-Wheels"

Treibhausgase stehen nur in einer fossilen Energiestruktur im direkten Zusammenhang mit der Energieeffizienz. Je mehr Treibstoff verbrannt wird, desto mehr CO_2 entsteht. Biotreibstoffe sind bei nachhaltigen Anbaumethoden durch den geschlossenen CO_2-Kreislauf bei der Verbrennung jedoch CO_2-neutral. Somit ist bei reinen "Tank-to-Wheels"-Überlegungen auch eine noch so große Biokraftstoffverschwendung mit keinerlei Emissionen verbunden.

Bei Biosprit ist aber der Anbau und die Ernte von Biomasse mit Treibhausgasemissionen verbunden. Hierzu gehören zum Beispiel die durch Stickstoff-Düngung verursachten Lachgas-Emissionen oder der Dieselverbrauch der Traktoren bei der Bodenbearbeitung. Weiterhin entstehen je nach Herstellungsprozess und Energieaufwand bei der Umwandlung von Biomasse in Biotreibstoff zusätzliche CO_2-Emissionen.

Zu diesen "Well-to-Wheels"-CO_2-Emissionen von Biotreibstoffen wurden bereits viele Studien erarbeitet (siehe z.B. [EJRC-2007]) und die Frage nach der Flächeneffizienz ("Land-to-Wheels") wird in diesem Zusammenhang auch fast immer erörtert. Da zusätzlicher, fruchtbarer Ackerboden nicht nach Belieben geschaffen werden kann, sind Überlegungen zur optimalen Nutzung dieser knappen Ressource sehr wichtig. Doch ein Vergleich wird dabei bisher praktisch nie angestellt: Welche Effizienz hätte die Fläche, wenn man "Strom" für elektrische Mobilität ernten würde?

Eine der wenigen Arbeiten, die diese Frage bisher behandelt hat, ist [EMPA-2007]. Hier wurde unter anderem eine Freiflächen-Solarstromanlage mit herkömmlichen Biotreibstoffen verglichen und anhand der CO_2-Emissionen und des spezifischen Flächenbedarfs bewertet.

In Tabelle 7.3 wird nur ein sehr vereinfachter, rein energetischer Vergleich geführt. Die Werte verdeutlichen, dass der solarelektrische Pfad – auf Grund deutlich höherer Energieernte gepaart mit deutlich niedrigerem Verbrauch im Fahrzeug – um den Faktor 35 bis 70 weniger Fläche in Anspruch nimmt, als dies bei Biotreibstoffen der Fall ist.

Nicht enthalten ist die alternative Nutzung von Biomasse. Würde man beispielsweise Biogas verstromen, so könnten aus 45 MWh Biomasseernte rund 9 MWh Strom entstehen. Mit dieser Strommenge könnte das elektrische Fahrzeug rund 45.000 km weit fahren, also 1,15-mal weiter als das

Erdgasauto mit der gleichen Menge an Biogas. Beim elektrischen Pfad könnte ferner die Abwärme der Biogasanlage einer sinnvollen Nutzung zugeführt werden, was den Systemeffizienzvorteil noch einmal deutlich erhöhen würde.

Es wird deutlich, dass der elektrische Pfad, auch vor dem Hintergrund beschränkter, landwirtschaftlicher Ressourcen, wichtige Vorteile bieten kann. Dies soll jedoch nicht die große Bedeutung einer nachhaltigen Biotreibstoffstrategie schmälern. Man wird Biotreibstoffe nicht nur im Kontext von Peak Oil als kurzfristige Ersatzenergiequelle für die bestehende PKW-Flotte benötigen. Langfristig werden Biotreibstoffe sowohl in der Land- und Forstwirtschaft als auch im Schwerlast- und Fernverkehr eine wichtigen Beitrag leisten müssen. Hier können heutige Stromspeicher bei weitem nicht mit den erforderlichen Energiedichten aufwarten, um die notwendigen Fahrleistungen zu erbringen.

	Rapsöl	Biogas	Solarstrom
Biomasse-Energieertrag je Hektar und Jahr	30 MWh	45 MWh	300 MWh (200 bis 1.000)
Für den Verkehr nicht nutzbare Energiemengen je Hektar und Jahr	20 MWh (Futtermittelanteil, Ernteaufwand, etc.)	10 MWh (Prozesswärme, Ernteaufwand, etc.)	50 MWh (Herstellung der PV-Module, etc.)
Verbleibende Treibstoffmenge je Hektar und Jahr	10 MWh	35 MWh	250 MWh
Energieverbrauch eines Mittelklasse Fahrzeuges je 100 km	60 kWh	90 kWh	20 kWh
Kilometerleistung je Hektar und Jahr	ca 17.000 km	ca. 39.000 km	ca. 1.250.000 km
Faktor	1	2	73
Versorgbare PKWs je Hektar bei 14.000 km Jahresfahrleistung	1,2	2,8	89

Tab. 7.3: Vergleich der Flächeneffizienz dreier Treibstoffe, die in der Fläche "geerntet" werden müssen.

7.4 Fahrzyklus "MNEFZ" (EU)

Seit der Einführung der EURO3-Norm wird in Europa der Spritverbrauch und Schadstoffausstoß nach dem Modifizierten Neuen Europäischen Fahrzyklus (MNEFZ) ermittelt. Der MNEFZ ist ein synthetisch erzeugter Prüfzyklus. Im Gegensatz zum NEFZ beinhaltet er eine Kaltstartphase. Der Testzyklus hat eine Länge von 11 km, die mit einer mittleren Geschwindigkeit von 33,6 km/h zurückgelegt werden.

- Phase 1 ist die Innerorts-Phase. Sie wird auch ECE15 genannt. Ein einzelner Grundstadtfahrzyklus dauert 195 Sekunden. Dieser wird insgesamt viermal wiederholt.
- Phase 2 ist die Außerorts-Phase (genannt EUDC) mit simulierter Landstraße und Autobahn. Sofern das Fahrzeug dazu bauartbedingt fähig ist, wird für 10 Sekunden auch eine Maximalgeschwindigkeit von 120 km/h erreicht.

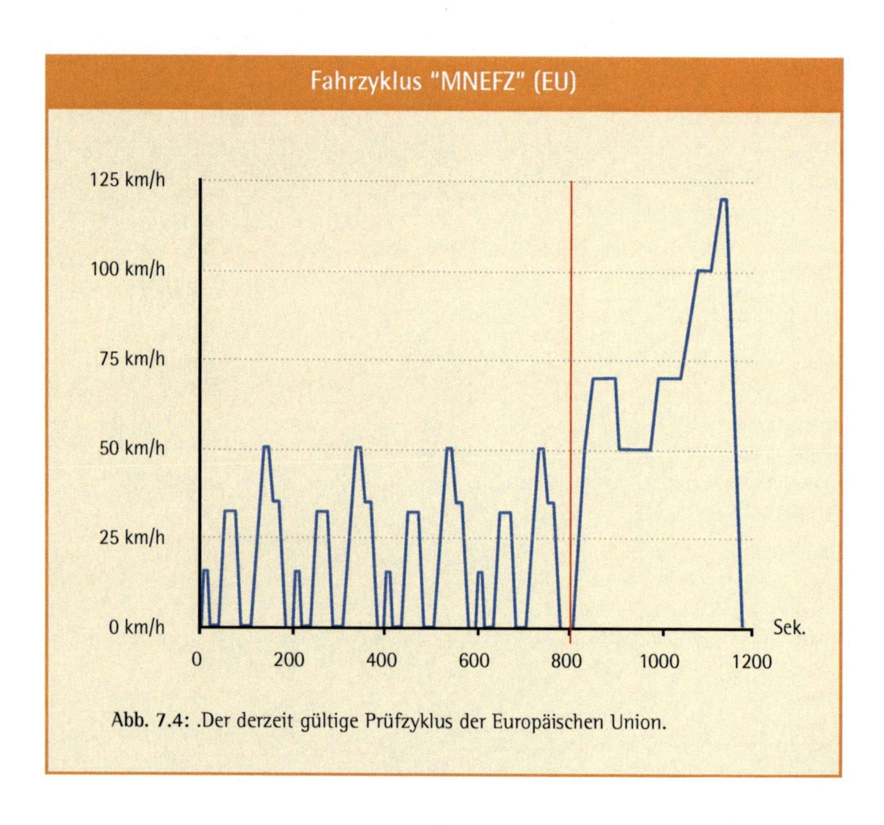

Abb. 7.4: .Der derzeit gültige Prüfzyklus der Europäischen Union.

7.5 Fahrzyklus "FTP75" (USA)

In den USA wird der Treibstoffverbrauch über den Corporate Average Fuel Economy (CAFE) Standard geregelt. Dieses Regelwerk definiert den Flottenverbrauch eines Herstellers und baut auf den Einzelprüfungen der Environmental Protection Agency (EPA) auf. Die EPA legt die Federal Test Procedure (FTP) fest, welche aus Innerorts- ("City") und Außerortstests ("Highway") besteht.

Ab 2008 wird der Verbrauch aus einem Mix von 55% "City" und 45% "Highway"-Verbrauch zusammengesetzt. Der neue EPA-Test soll zusätzlich den Energieaufwand für Klimatisierung und Heizung berücksichtigen. Die Höchstgeschwindigkeit erhöht sich von 90 auf 130 km/h und die Beschleunigungsvorgänge sollen dynamischer werden. Ausführliche Details sind [ICCE-2007] und [EPA-2006] zu entnehmen.

Bis Ende 2007 wird der Verbrauch mit dem FTP75-Zyklus ermittelt.

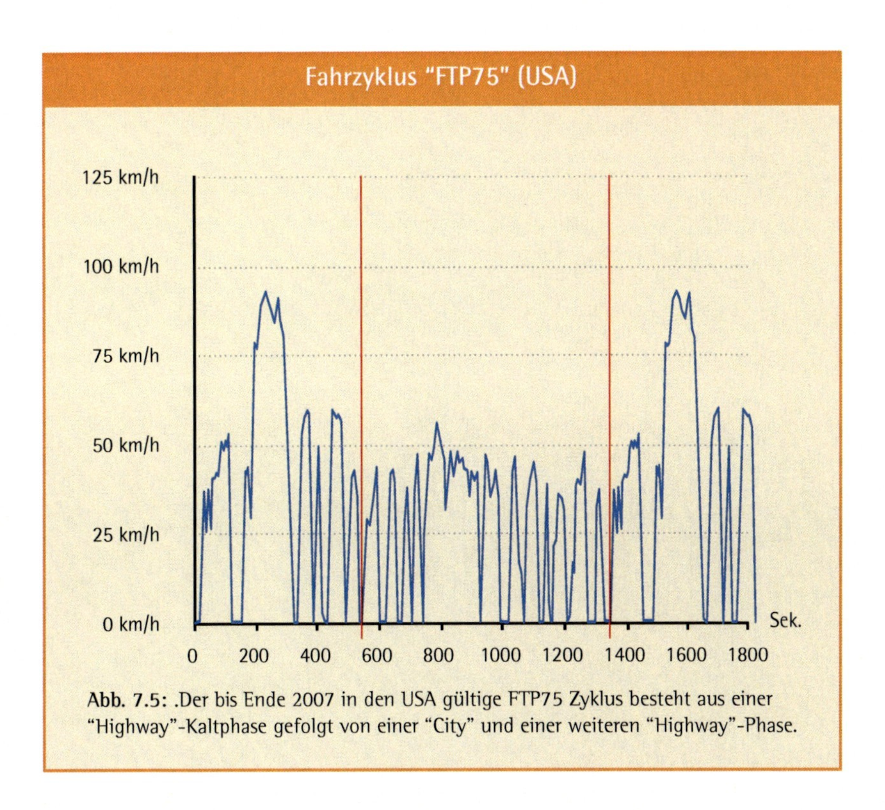

Abb. 7.5: .Der bis Ende 2007 in den USA gültige FTP75 Zyklus besteht aus einer "Highway"-Kaltphase gefolgt von einer "City" und einer weiteren "Highway"-Phase.

7.6 Fahrzyklus "10-15 Mode" (Japan)

Wie beim MNEFZ handelt es sich auch beim "10-15 Mode" Prüfzyklus um ein synthetisches Fahrprofil. Die 4,16 km lange Teststrecke wird mit einer mittleren Geschwindigkeit von 22,7 km/h zurückgelegt.

- Phase 1 ist die Innerorts-Phase und wird auch als "10 Mode" bezeichnet. Dieser hat zwei Ampelphasen und je eine Konstantfahrt mit 20 km/h und 40 km/h.
- Phase 2 ist die Außerorts-Phase, der "15 Mode". Dieser Test soll sowohl Landstraßen als auch Autobahnfahrten bei unterschiedlichen Geschwindigkeiten simulieren (maximal 70 km/h).

Oft wird ein zusätzlicher "15-Mode" Zyklus am Anfang der Testphase dargestellt. Zum Zweck der Schadstoffmessung wird in Japan ein weiterer "11-Mode"-Test mit Kaltstart durchgeführt. Beide dienten jedoch nicht der Ermittlung des Treibstoffverbrauches.

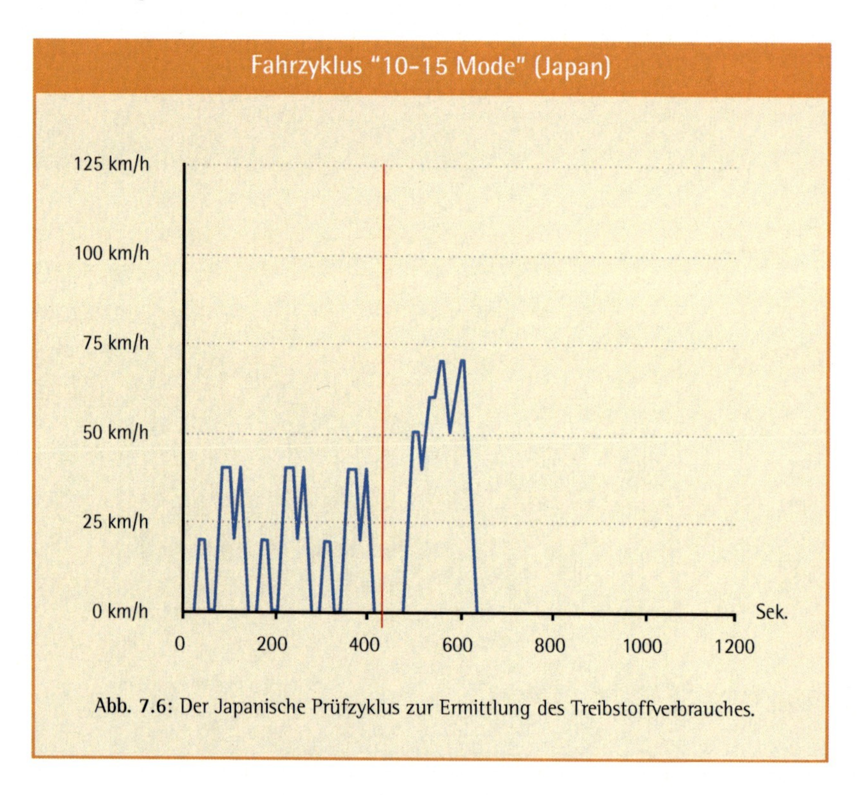

Abb. 7.6: Der Japanische Prüfzyklus zur Ermittlung des Treibstoffverbrauches.

7.7 Fahrzyklus "JC08" (Japan)

Der zukünftige Prüfzyklus in Japan wird, wie auch in den USA üblich, mit einer aufgezeichneten "realen" Straßenfahrten ermittelt. Wie beim Europäischen MNEFZ beinhaltet JC08 sowohl eine Kaltstart- als auch eine Warmstartphase.

In rund 20 Minuten wird eine Strecke von 8,16 km zurückgelegt; im Schnitt mit 24,4 km/h. Maximal werden 80 km/h erreicht.

Feste Phasen gibt es bei diesem Test nicht. Die innerorts und außerorts Anteile sind über den gesamten Prüfzyklus verteilt. Der Testzyklus ähnelt dem Pendeln von einem Wohnort in die Stadt und wieder zurück.

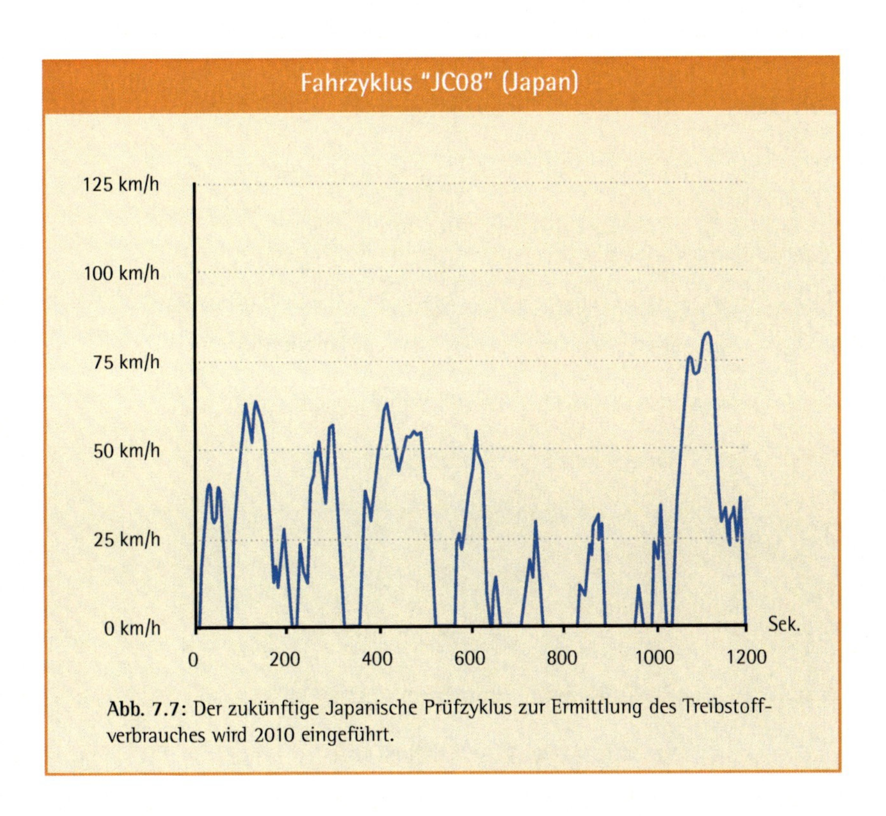

Abb. 7.7: Der zukünftige Japanische Prüfzyklus zur Ermittlung des Treibstoffverbrauches wird 2010 eingeführt.

Abkürzungsverzeichnis

10-15 Mode	Japanischer Fahrzyklus (bis 2010)
ASPO	Association for the Study of Peak Oil and Gas
BHKW	Blockheizkraftwerk
BMBF	Bundesministerium für Bildung und Forschung
BMVBW	Bundesministerium für Verkehr, Bau und Stadtentwicklung
BRD	Bundesrepublik Deutschland
bsm	Bundesverband Solare Mobilität e.V.
BtL	Biomass to Liquids (Verflüssigte Biomasse)
BWE	Bundesverband WindEnergie e.V.
CONCAWE	Europäische Vereinigung der Ölindustrie
CNG	Compressed Natural Gas (Druckerdgas)
CtL	Coal to Liquids (Verflüssigte Kohle)
CV	Conventional Vehicle (Fahrzeug mit Verbrennungsmotor)
DGS	Deutsche Gesellschaft für Sonnenenergie e.V.
DIN	Deutsches Institut für Normung e.V.
DPG	Deutsche Physikalische Gesellschaft e.V.
E100	100% reines Ethanol
EEG	Erneuerbare-Energien-Gesetz
EJRC	European Joint Research Center
EPA	Environmental Protection Agency
EPRI	Electric Power Research Institute

EU	Europäische Union
EUCAR	European Council for Automotive R&D
EV	Electric Vehicle (Fahrzeug mit Elektromotor)
EWG	Europäische (Wirtschafts)Gemeinschaft
FTP	Federal Test Procedure (US Fahrzyklus)
Gboe	Giga Barrel of Oil Equivalent (Milliarden Fass Erdöl)
GEMIS	Global Emission Model for Integrated Systems
GHG	Greenhouse Gas (Treibhausgas)
HEV	Hybrid Electric Vehicle
IEA	International Energy Agency
JC08	Japanischer Fahrzyklus (ab 2010)
KBA	Kraftfahrt-Bundesamt
KFZ	Kraftfahrzeug
KiD	Kraftfahrzeugverkehr in Deutschland
KW	Kleinwagen
KWK	Kraft-Wärme-Kopplung
LKW	Lastkraftwagen
LNG	Liquefied Natural Gas (Verflüssigtes Erdgas)
MNEFZ	Modifizierter Neuer Europäischer Fahrzyklus
MW	Mittelklassewagen
NGL	Natural Gas Liquids (Flüssiggas, meist Propan/Butan)
NiCd	Nickel-Cadmium

NiMH	Nickel-Metallhydrid
OW	Oberklassewagen
PHEV	Plug-in Hybrid ("Steckdosen-Hybrid")
PHEV30	Plug-in Hybrid mit 30 km elektrischer Reichweite
PHEV90	Plug-in Hybrid mit 90 km elektrischer Reichweite
PKW	Personenkraftwagen
RME	Raps-Methyl-Ester (Biodiesel)
SUT	Sport Utility Truck
SUV	Sport Utility Vehicle
S.V.E.	Société de Véhicules Électriques
TTW	Tank-to-Wheels ("vom Tank bis zu den Rädern")
VDIK	Verband der Internationalen Kraftfahrzeughersteller e.V.
WKK	Wärme-Kraft-Wopplung
WTT	Well-to-Tank ("von der Quelle bis in den Tank")
WTW	Well-to-Wheels ("von der Quelle bis zu den Rädern")

Physikalische Einheiten

Mio.	Million (10^6)
Mrd.	Milliarde (10^9)
Sek.	Sekunde
Min.	Minute
h	Stunde
g	Gramm
kg	Kilogramm
t	Tonne (1.000 kg)
l	Liter
bbl.	Barrel U.S. (Fass): 1 bbl. = 158,987 Liter
m^2	Quadratmeter
ha	Hektar (10.000 m^2)
km	Kilometer (1000 m)
Fkm	Fahrzeug-Kilometer
Pkm	Personen-Kilometer: p * 1 Fkm = y Pkm; $p \geq 1$
km/h	Kilometer je Stunde
W	Watt
kWh	Kilowattstunde (10^3 Wh)
MWh	Megawattstunde (10^6 Wh)
GWh	Gigawattstunde (10^9 Wh)
TWh	Terawattstunde (10^{12} Wh)

Literaturverzeichnis

[ANL-2000] L. Gaines, R. Cuenca: "Costs of Lithium Ion Batteries for Vehicles", Argonne National Laboratory, Argonne, 2000

[ANL-2006] Argonne National Laboratory: "Lower and Higher Heating Values of Hydrogen and Fuels", GREET Software, Argonne, 01/2006

[ANL-2007] R. Carlson, M. Douba, T. Bohn, A. Vyas: "Testing and Analysis of Three Plug-in Hybrid Electric Vehicles", Argonne National Laboratory, Argonne, SAE 2007-01-0283, 04/2007

[ALTN-2006] V. Evan House: "Status of Lithium Batteries UsingLithium Titanate Based Anode", Altairnano, CARB Anhörung, http://www.altairnano.com, 2006

[ASPO-2007] C. Campbell: "ASPO Newsletter Nr. 75", Association for the Study of Peak Oil and Gas, http://aspo-ireland.org, 03/2007

[BOSC-2007] Bosch: "Kraftfahrtechnisches Taschenbuch", Friedr. Viewag & Sohn Verlag, Wiesbaden, 26. Auflage, 2007

[BOSH-2006] S. Boschert: "Plug-in Hybrids - The Cars that will Recharge America", New Society Publishers Gabriola Island, Kanada, 2006

[BUND-2001] Bund für Umwelt und Naturschutz Deutschland e.V.: "Zero-Emission-fahrzeuge und regenerative Kraftstoffe: grüne Träume oder realistische Alternative", BUND, Berlin, Stand 09/2001

[BWE-2007] Bundesverband Windenergie e.V.: http://www.wind-energie.de, BWE, Berlin, Stand 04/2007

[DEBR-2004a] Deutsche Bundesregierung: "Perspektiven für Deutschland - Unsere Strategie für eine nachhaltige Entwicklung - Kraftstoffstrategie - Alternative Kraftstoffe und innovative Antriebe", Berlin, Stand 10/2004

[DEBR-2004b] Deutsche Bundesregierung: "Kraftstoffverwendungsmatrix 2020", Berlin, Version 6_0_261104endg

[DPG-2005] Deutsche Physikalische Gesellschaft: "Klimaschutz und Energieversorgung in Deutschland 1990 – 2020", Bad Honnef, 09/2005

[DOE-2005] R.L. Hirsch, R. Bezdek, R. Wendling: "Peaking of World Oil Production: Impacts, Mitigation & Risk Management", US Department of Energy (DOE), 02/2005

[EJRC-2007] European Commission Joint Research Centre: "Summary of Well-to-Wheels Energy and GHG Balances - WTW Appendix 1", http://ies.jrc.ec.europa.eu/WTW, Version 2c, Stand 03/2007

[EMPA-2007] R. Widmer, G. Marcel, R. Zah: " Evaluation and comparison of bio-fuelled mobility with all-electric solutions using Life Cycle Assessment", EMPA Swiss Federal Materials Science and Technology, 06/2007

[EPA-2006] Environmental Protection Agency: " Fuel Economy Labeling of Motor Vehicles: Revisions to Improve Calculation of Fuel Economy Estimates", EPA, Draft Technical Support Document, EPA420-D-06-002, 01/2006

[EPRI-2001] Electric Power Research Institute: "Comparing the Benefits and Impacts of Hybrid Electric Vehicle Options", EPRI, Palo Alto, Report 1000349, 2001

[EPRI-2007a] Electric Power Research Institute: " Environmental Assessment of Plug-in Hybrid Electric Vehicles. Volume 1: Nationwide Greenhouse Gas Emissions", EPRI, Palo Alto, Report 1015325, 07/2007

[EPRI-2007b] Electric Power Research Institute: " Environmental Assessment of Plug-in Hybrid Electric Vehicles. Volume 2: United States Air Quality Analysis Based on AEO-2006 Assumptions for 2030", EPRI, Palo Alto, Report 1015326, 07/2007

[FVV-2004] Forschungsvereinigung Verbrennungskraftmaschinen e.V.: "CO_2-neutrale Wege zukünftiger Mobilität durch Biokraftstoffe: eine Bestandsaufnahme", FVV, Frankfurt am Main, Heft 789, 2004

[GEMI-2004] Öko-Institut: "GEMIS Datenbank Version 4.2 - Aktualisierte Ergebnisdaten aus", http://www.oeko.de/service/gemis/files/doku/g42-results_1.zip, Stand 11/2004

[GRPC-2004] Greenpeace e.V.: "Auto und Klima", http://www.greenpeace.de/themen/sonstige_themen/smile/artikel/auto_und_klima/, Stand 15.4.2004

[ICCT-2007] The International Council on Clean Transportation: "Passenger Vehicle Greenhouse Gas and Fuel Economy Standards - A Global Update", ICCT, http://www.theicct.org/documents/ICCT_GlobalStandards_2007.pdf, 07/2007

[IEA-2006] International Energy Agency Implementing Agreement on Hybrid and Electric Vehicles: "Hybrid and electric vehicles 2006", IEA/IA-HEV, 02/2006

[IFEU-1996] Eden, Höppner: "Vergleichende Ökobilanz: Elektrofahrzeuge und konventionelle Fahrzeuge: Bilanz der Emission von Luftschadstoffen und Lärm sowie des Energieverbrauchs; Bericht im Rahmen des BMBF-Vorhabens: Erprobung von Elektrofahrzeugen der neuesten Generation auf der Insel Rügen", Institut für Energie- und Umweltforschung (ifeu), Heidelberg, 1996

[IFEU-2004] W. Knörr: "Handbuch Emissionsfaktoren des Straßenverkehrs - Basisdaten Deutschland (HBEFA)", Institut für Energie- und Umweltforschung (ifeu), Heidelberg, http://www.hbefa.net, Version 2.1, 2004

[IFEU-2006] IFEU-Heidelberg: "Energieverbrauch und Schadstoffemissionen des motorisierten Verkehrs in Deutschland 1960-2030 - Zusammenfassung", Institut für Energie- und Umweltforschung (ifeu), Heidelberg, 2006

[KBA-2006a] Kraftfahrt-Bundesamt: "Statistische Mitteilungen - Bestand an Kraftfahrzeugen und Kraftfahrzeuganhängern am 1. Januar 2006", KBA, Flensburg, 2006

[KBA-2006b] Kraftfahrt-Bundesamt: "Statistische Mitteilungen - Neuzulassungen - Emissionen, Kraftstoffe 2006", KBA, Flensburg, 2006

[KBA-2006c] Kraftfahrt-Bundesamt: "Kraftstoffverbrauch- und Emissions-Typprüfwerte von Kraftfahrzeugen mit Allgemeiner Betriebserlaubnis oder EG-Typgenehmigung", KBA, Art.Nr. 230000601, Flensburg, 01/2006

[KID-2002] Kraftfahrt-Bundesamt, TU-Braunschweig: "Verkehrsbefragung in Deutschland - von 2002", http://www.verkehrsbefragung.de, 2002

[LBST-2006] Ludwig-Bölkow-Systemtechnik: "Spezifischer Energieaufwand und GHG-Emissionen verschiedener Kraftstoffe", LBST, 2006

[METI-2006] Ministry of Economy, Trade and Industry of Japan: "New National Energy Strategy", 05/2006

[MOLT-2003] Moltech Power Systems Ltd.: "Transportation Regulations for Lithium, Lithium Ion and Lithium Ion Polymer Cells and Batteries", 2003

[NABU-2005] NABU - Naturschutzbund Deutschland e.V.: "Grundsatzprogramm Verkehr", Art.Nr. 2405, Berlin, 2005

[NREL-2006] P. Denholm, W. Short: "An Evaluation of Utility System Impacts and Benefits of Optimally Dispatched Plug-In Hybrid Electric Vehicles", National Renewable Energy Laboratory (NREL), Art.Nr. 2405, Berlin, 10/2006

[PEHN-2001] M. Pehnt: "Ökologische Nachhaltigkeitspotenziale von Verkehrsmitteln und Kraftstoffen", Deutsches Zentrum für Luft- und Raumfahrt (DLR), STB-Bericht Nr. 24, Stuttgart, 2001

[SCE-1999] Southern California Edison: "1999 Toyota RAV4-EV (NiMH Batteries) Performance Characterization Summary", 1999

[SVE-2007] Société des Véhicules Electriques: http://www.cleanova.com, Stand 7.4.2007

[TESL-2006] Tesla Motors: "The 21st Century Electric Car", Tesla Motors Inc, http://www.teslamotors.com, 07/2006

[UBA-1999] R. Kolke: "Gegenüberstellung von konventionellen und alternativen Antrieben aus Sicht einer dauerhaft umweltgerechten Entwicklung", Umweltbundesamt (UBA), 03/1999

[UBA-2001] R. Kolke: "Car of the Future - Das Spannungsfeld zwischen umweltpolitischer Notwendigkeit und Selbstzweck", Umweltbundesamt (UBA), 03/2001

[UBA-2006a] Umweltbundesamt: "Bewertung alternativer Treibstoffe und Antriebe", UBA, http://www.umweltbundesamt.de/verkehr/alternantrieb/kraftstoffe/altkraftst.htm, Stand 3.4.2006

[UBA-2006b] Umweltbundesamt: "Elektrostraßenfahrzeuge", UBA, http://www.umweltbundesamt.de/verkehr/alternantrieb/elektroantrieb/elektro.htm, Stand 1.9.2006

[UBA-2006c] Umweltbundesamt: "Solarfahrzeuge", UBA, http://www.umweltbundesamt.de/verkehr/alternantrieb/solarfahrzeug/solar.htm, Stand 1.9.2006

[USGS-2007] U.S. Geological Survey: "Mineral Commodity Summaries 2007", http://minerals.usgs.gov/minerals/, 2007

[VCD-2005] Verkehrsclub Deutschland e.V.: "Alternativen: Kraftstoffe, Antriebe und Energieffizienz", VCD, http://www.vcd.org, Stand 12/2005

[VCD-2006] Verkehrsclub Deutschland e.V.: "Leitfaden städtischer Güterverkehr - Umwelt schonen und Kosten sparen", VCD, http://www.vcd.org, Stand 12/2005

[VDIK-2006] Verband der Internationalen Kraftfahrzeughersteller e.V.: "Leitfaden zu Kraftstoffverbrauch und CO_2-Emissionen", VDIK, Ausgabe 2006

[WBN-2007] M. Durham: "French Postal Fleet Switching to EVs", Wired Blog Network, http://blog.wired.com/cars/2007/02/french_postal_f.html, 02/2007

[WUP-2006] Wuppertal Institut: "Klimawirksame Emissionen des PKW-Verkehrs und Bewertung von Minderungsstrategien", Wuppertal Institut für Klima, Umwelt, Energie GmbH, Wuppertal Spezial 34, 2006